U0939741

格局逆袭 2

致富的逻辑

宗宁（万能的大熊） 著

中信出版集团 · 北京

图书在版编目（CIP）数据

格局逆袭 . 2，致富的逻辑 / 宗宁著 . -- 北京：中信出版社，2018.5

ISBN 978-7-5086-8625-7

I. ①格… II. ①宗… III. ①成功心理－青年读物 IV. ① B848.4-49

中国版本图书馆 CIP 数据核字（2018）第 031173 号

格局逆袭 2——致富的逻辑

著　　者：宗　宁
出版发行：中信出版集团股份有限公司
　　　　　（北京市朝阳区惠新东街甲 4 号富盛大厦 2 座　邮编　100029）
承 印 者：北京诚信伟业印刷有限公司

开　　本：880mm × 1230mm　1/32　　印　　张：10　　字　　数：217 千字
版　　次：2018 年 5 月第 1 版　　印　　次：2018 年 5 月第 1 次印刷
广告经营许可证：京朝工商广字第 8087 号
书　　号：ISBN 978-7-5086-8625-7
定　　价：49.80 元

目　录

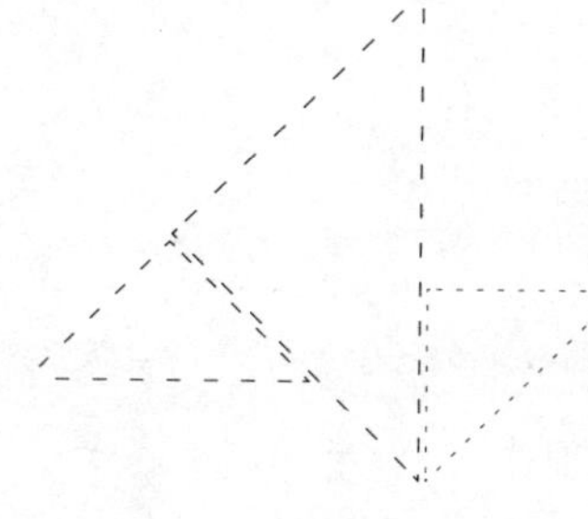

第一部分　认知升级

第一章 这个时代的商业逻辑

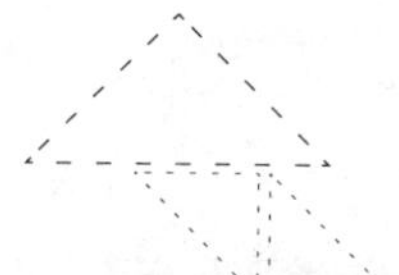

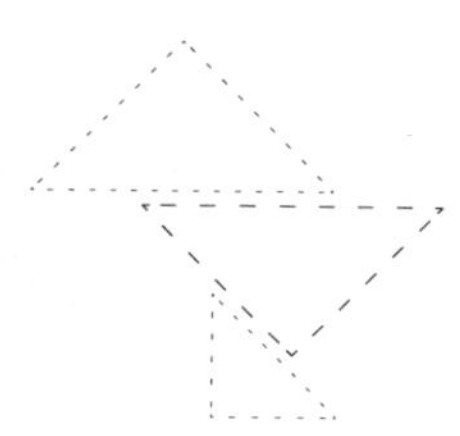

第二章
面对现实

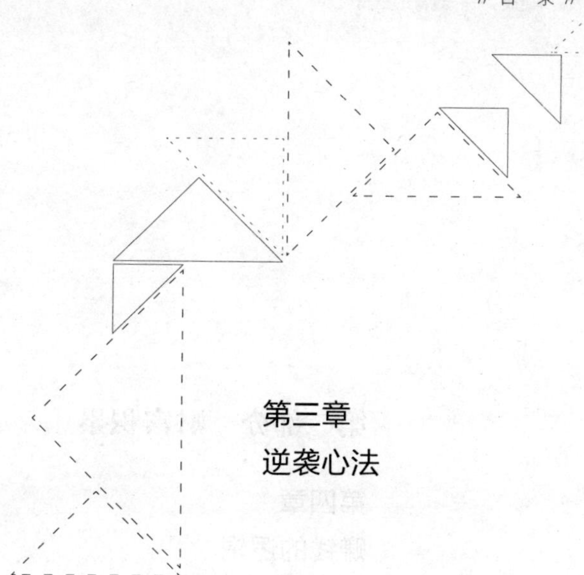

第三章 逆袭心法

第二部分　财富积累

第四章
赚钱的逻辑

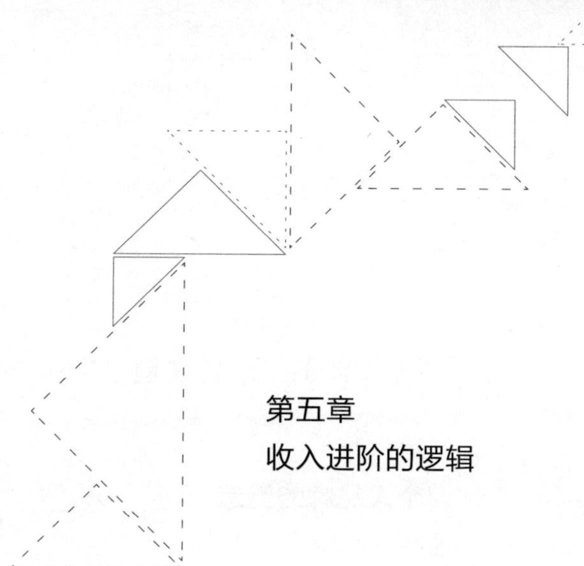

第五章 收入进阶的逻辑

第三部分　逆袭之道

第六章
个人品牌的塑造

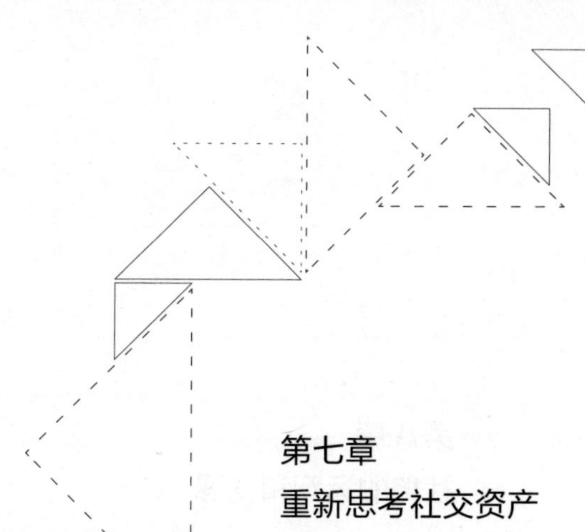

第七章 重新思考社交资产

第八章
社群的运营和变现

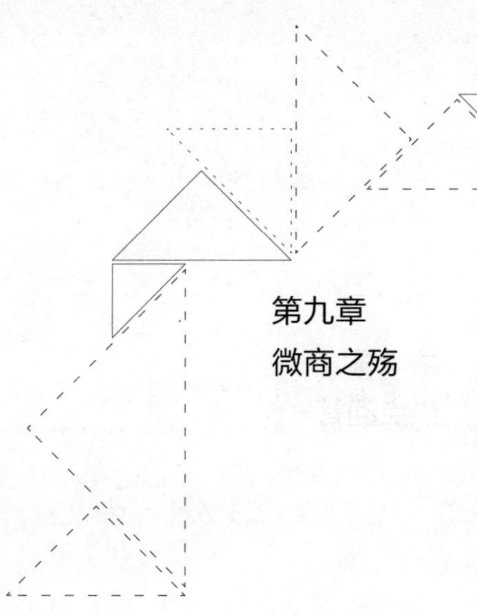

第九章
微商之殇

第十章
热点问答

序 言

《格局逆袭》的销量还是非常不错的，也获得了很多好评，尤其是得到了一些年轻人的认同，我觉得很欣慰。不过也出现了一些别的声音，大概意思是，这就是一本“鸡汤书”啊，看完也没有办法赚钱啊。

其实我觉得，耐心也是格局的一部分。我本来也是和出版社签了两本书，第一本讲理念，第二本讲的就是赚钱的方法。如果理念对了，方法对了，逆袭并不是特别困难的事情。但如果理念不对，只追求方法，有些人也能赚到钱，但最后往往无法守住自己的财富。当然，更多的人可能什么都没做对，就是声音比较大，意见比较多，这也是逆袭的一种基础。如果人人都积极向上，聪明勤奋，那你就没有什么逆袭的机会了。

《格局逆袭》的读者对象很清晰，就是普通人。普通人的意思就是没有什么背景，也没有什么天赋的人，他们只能靠更多的努力和积累，去战胜那些靠背景和天赋投机取巧的人。用我的话说，可能我的能力不如你，但我用三年打你一年，也不一定就输。事实上，我也并不是很优秀的文字工作者，但我长期坚持写作，写了几年，也就小有成绩了。

对于逆袭，大部分人都认为是经济上的结果，换句话说，就是赚钱了。其实这也是我这本《格局逆袭 2》的核心所在，就是告诉你如何去变现。因为我的读者都是普通人，他们可能没有办法在专业或者其他方面有什么惊天动地的成就，所以就只好赚点钱改善一下生活，然后看看有没有可能把后代培养成有天赋或者有背景的人物。

那么一个没有天赋和背景的人，在这个社会上，如何才能够赚到足够的钱呢？靠个人努力吗？如果只靠个人努力就能发财的话，那就太容易了，也不用什么格局了。努力只是一个必要条件，但绝不充分。时代的风口、宏观的格局、营销的技巧、不懈的坚持都是必不可少的。时代风口可遇不可求，宏观的格局大家可以参考《格局逆袭》。《格局逆袭 2》讲的就是营销的技巧，而你要做的就是不懈的坚持。

对于大部分人来说，最基本的是用时间换钱，其次是用技能的稀缺性换钱，本质还是时间，只是单价更高一些。小企业家更多地是用别人的时间来赚钱，这一点对普通人来说，可能是无法实现的。大企业家多半用钱来赚钱，靠金融的力量，除了买房子之外，普通人很难有这样的机会。而移动互联网时代其实给了我们一个更大的逆袭通道，那就是通过社交来赚钱。无论是微商还是社群，无论是微博还是公众号，在这些领域逆袭的人无一不是借助了社交的力量。在阶层日益固化的社会中，社交的开放成了我们逆袭层级最好的也可能是唯一的出路。

尽管我认为，我是一个自媒体人或者作家，但在更多人眼里，我是一个公关营销专家。在 360 公司的时候，我做了几个产品的品牌营销，包括 360 手机助手、360 手机游戏、360 儿童手表和 360 行车记录仪，都做到了市场第一。我自己也做了几个销售额上千万的品牌，做了一个颇有名气的营销社群“大熊会”，出了一本书，也卖得不错，微博有两百万名粉丝，微信粉丝也有几十万，在科技自媒体行业也算前列。大家都很想知道，我是怎么做到的？为什么在不同的领域我都可以做出不错的成绩？我从一个学历不高的胖小子实现了自己的逆袭，难道真的只是因为格局吗？

这本书，会告诉你格局之外的关键。

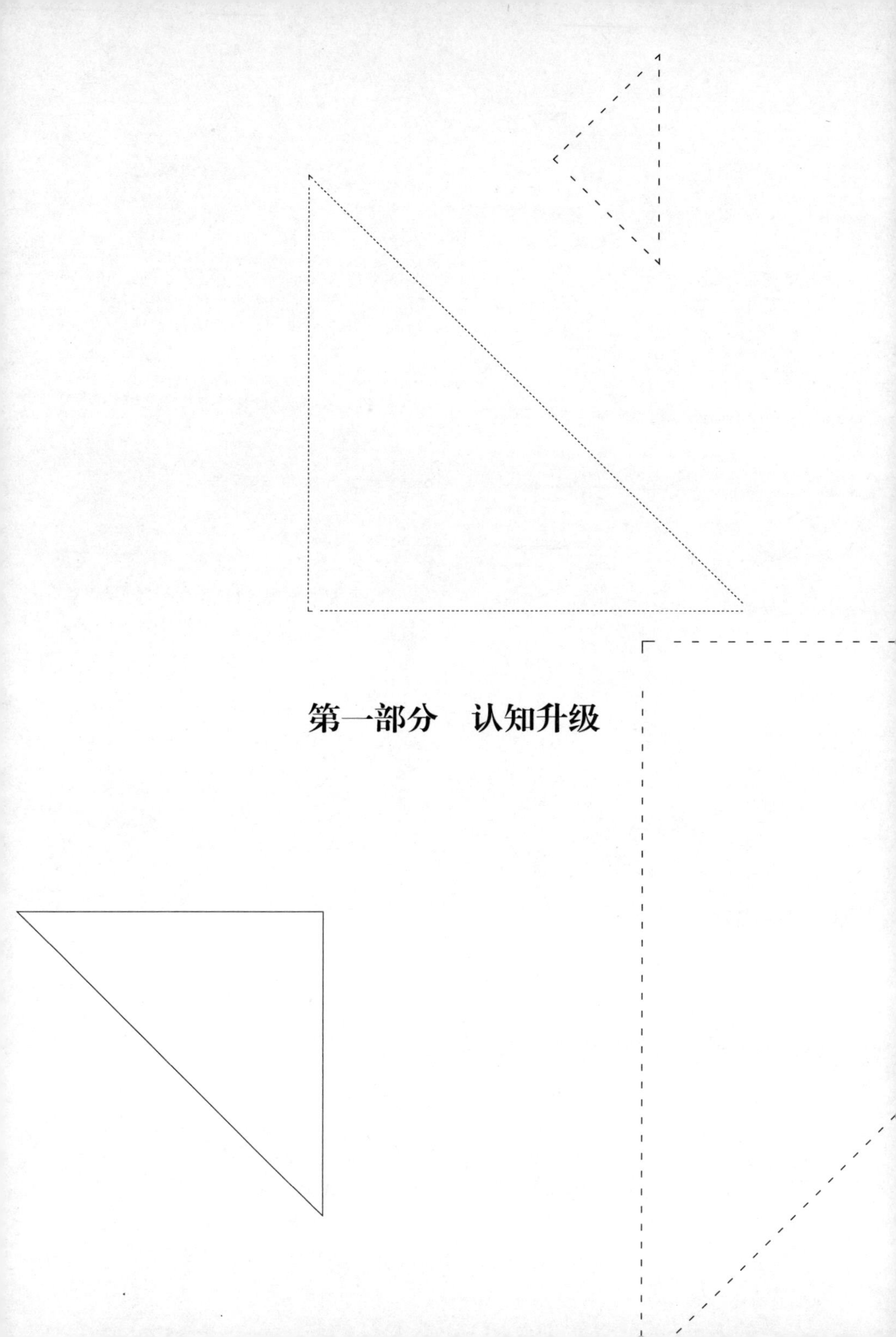

第一部分　认知升级

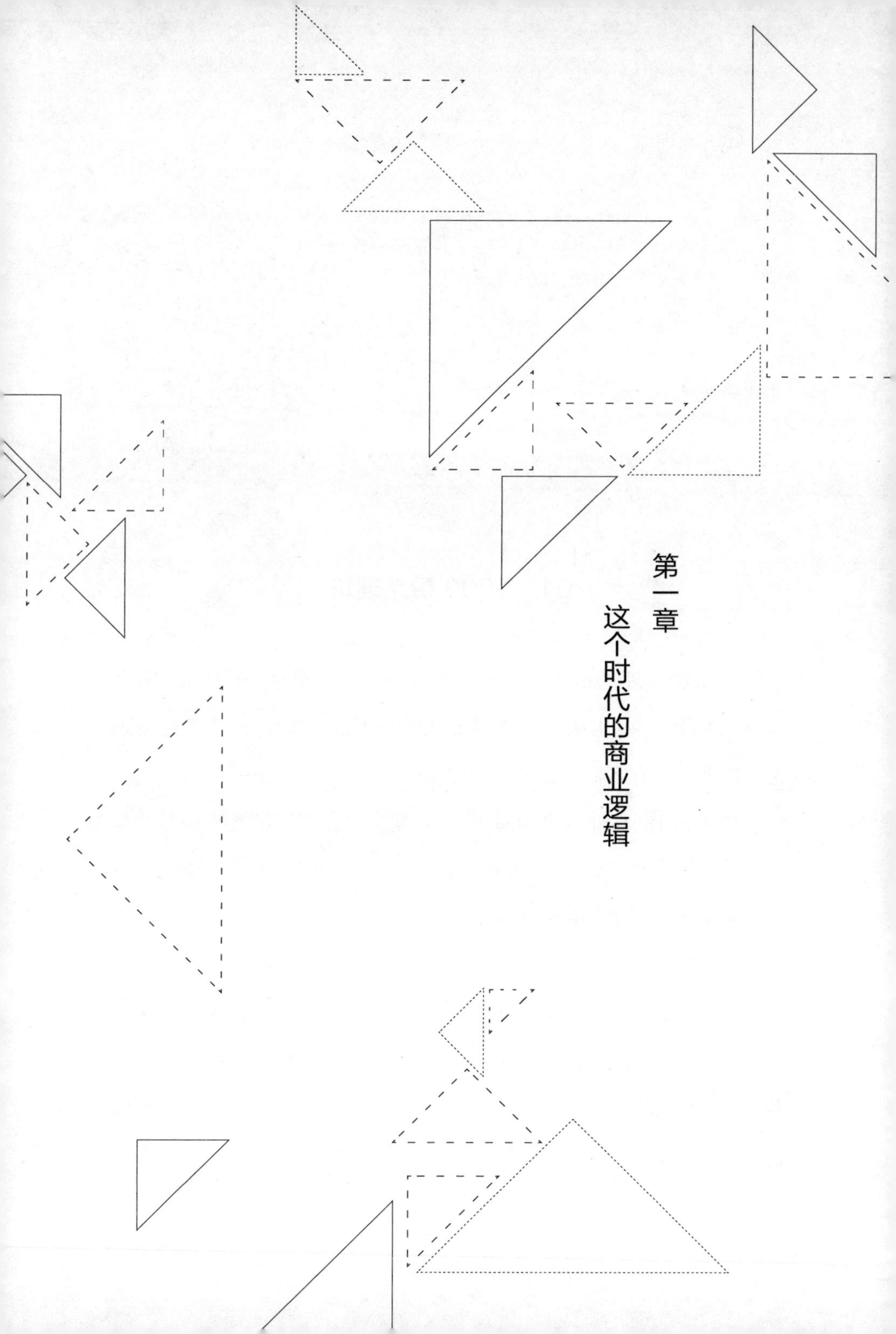

第一章 这个时代的商业逻辑

01　1000粉丝理论

1000粉丝理论是这本书的一个核心。这个理论，是凯文·凯利（Kevin Kelly）提出来的，也就是人们所称的“KK”。关于这个理论，很多人都有不同的解读，但是大部分人其实都是一知半解。

凯文·凯利在他的书中写道：“长尾理论，对于人类来说是非常好的事情，一些商家，比如亚马逊，以及几十亿消费者，他们都可以从长尾里获取更方便的产品。”

长尾理论是说，比如在电商中，可以在一个网站上上架海量的产品，这样即使这个产品再冷门，也会有人需要。但如果是在商场中，可以摆放的商品是有限的，所以就只能摆比较好卖的产品。一些冷僻的产品尽管有少数人使用，但依旧不会被摆出来销售。所以说，长尾理论对于大众消费者来说是一件好事。但对于创作者来说，长尾理论就是不好的事情了。

比如独立的艺术家、制作人、发明家和创造者，他们都被忽略了，因为长尾理论给人们提供更多的选择的同时，却增加了竞争，以及无休止的降价的压力。举例来说，一开始我们买磁带的时候只能看到 100 名歌手的磁带，那这其中的竞争就是 100 个人之间的竞争。现在我们可以在网上搜索到成千上万名歌手的音乐，我们更愿意听合辑，听排行榜，那么实际上对单个歌手来说，他面临的竞争压力是增加了的。

所以说，长尾不能帮助不知名的原创者摆脱默默无闻和销量疲软的现状，那么他如何才能逆袭呢？凯文·凯利的答案就是，找到 1000 名铁杆粉丝。

他认为，创作者，如艺术家、音乐家、摄影师、工匠、演员、动画师、设计师、视频制作者，或者作家，换言之，也就是任何创作艺术作品的人，只需要拥有 1000 名铁杆粉丝便能糊口。这里的铁杆粉丝是指，无论你创造出什么作品，他们都愿意付费购买；他们愿意驱车 300 公里来听你唱歌；即使手上已经有了你的磁带，他们还愿意去重新购买超豪华高清版的套装；他们会在谷歌的快讯里添加你的名字，时刻关注你的有关信息；会买你的绝版作品收藏；会参加你的演出；购买你的作品并请你签名……

凯文·凯利的假设之中，铁杆粉丝每年会用一天的工资来支持你的作品，在这里，一天的工资是一个平均值，因为很多铁杆粉丝会花大量的钱去支持偶像。比如我们看到“90 后”的消费观和“80 后”就完全不同，“90 后”愿意拿出收入的 35% 以上用于娱乐，但“80 后”就会保守很多，他们优先考虑的是自己的居住等基本生活需求。所以说，假如一个铁杆粉丝每年在你身上花费 100 元，那么 1000 个铁杆粉丝就是 10 万元。毕竟对于大部分人来说，一天是可以赚到 100 元的，这样平均下来一天应该在三五百元。所以，如果你有 1000 个铁杆粉丝，他们每人每年愿意在你身上消费三五百元的话，那么你就会有几十万元的年收入了。这就足够养活一个内容原创者。

对这件事情持否定观点的人认为，寻找 1000 个铁杆粉丝是非常困难的事情。他们认为，对于一个作者，一个自媒体写作者，或者其他方面的作者来说，寻找 1000 个愿意付费的粉丝是很困难的。但从我们的实践得知，我们并非需要完全狂热的粉丝，其实只需要 1000 个甚至 500 个对我们产品认可的消费者，即可形成同样的效果。换句话说，凯文·凯利的 1000 粉丝理论针对的是原创作者，而我们讲的 1000 粉丝理论则是找到 500~1000 个你的产品消费者。

在这层意义上，你不见得需要用自己的作品去打动他，或者用自己的才华打动他，你只需用你的产品打动他，这实际上就会简单很多。因为只要我们用心去做，是可以做出很多优质的产品的。之所以现在优质产品比较少，主要是因为在长尾的环境下，大家的竞争比较激烈。而中国企业的竞争基本上都是价格竞争，那么在价格竞争中，大家为了更低的价格就要牺牲品质，所以导致了当下产品质量堪忧的现状。如果我们为我们的铁杆粉丝去制作产品，他们也愿意付出更高的价格，我们就可以做出更高品质的产品，从而形成正向的循环。

目前另一个大风口是消费升级，也就是中产阶层的觉醒，大家需要高品质的商品和服务。但现在社会商品的整体水平是偏低的，因为大家都还处于一个长尾的价格竞争之中。所以说，如果我们针对消费升级的风口去制作一些优质的产品，或者提供一些更好的服务，只获取 1000 个优质客户，是完全可以实现 1000 粉丝理论的。

这里面值得注意的是，首先，在中国我们有更好的社交网络环境，我们更容易通过微博、微信找到目标客户；其次，我们找到自己的优质客户后，一旦得到他们的认可，他们往往会帮助我们进行口碑传播。因为一个人的朋友往往和他的所处阶层、消费理念基本相仿，所以说，一个人是你的目标客户，他身边的朋友也是你目标客户的概率是非常高的。如果我们能找到一批铁杆用户，然后再借助这批铁杆用户进行产品推广，那么在一年到几年的时间内，积累 1000 名忠实客户实际上是非常容易的，至少是完全有可能的。

这也就是为什么说 1000 粉丝理论在我们这本书讲的社交变现中如此重要。换句话说，我们讲的社交变现其实就是基于 1000 粉丝理论的。

02 右脑时代

我擅长的是品牌和公关，只是因为自己的品牌和公关做得太好了，产生了营销的结果，所以就被当作营销人了。当然，对于一般人来说，想把这些东西区分得很清楚是很困难的。

营销是发现市场需求，抓住产品，渠道推广，完成销售。

品牌是给拥有者带来溢价、产生增值的一种无形的资产，我一直说品牌是产品和人之间有意义的关系。

公关就是通过政策和程序获得公众谅解和接纳，从而建立良好的公共关系。

在之前，这三者纵然有关联，关系也不大。营销就是强势的广告加渠道，比如央视“标王”。互联网领域的营销就是找到流量并将其成功转化为销量。后来，三者的关系开始变得越来越紧密。随着移动互联网的高速发展，整个社会大环境发生了翻天覆地的变化，这个变化就是碎片化。碎片化削弱了渠道的力量，传播推广成本越来越高，反映在互联网上就是流量越来越贵。这时候你突然发现，品牌包括 IP（知识产权）的传播成本更低，转化率更高，用户接受程度更高。比如说，打怪类游戏你用个《西游记》的背景，战争类游戏你用个《三国演义》的背景，拍个武打片你说主角叫黄飞鸿，就一下子事半功倍了。

而公关创造品牌，广告维系品牌的趋势也非常明显，大家不再相信广告，而是更相信对一些公关事件的印象，而广告只是维持这种印象并使其不断曝光，这使得公关前所未有地占到了越来越重要的位置。公关创造品牌，而品牌促进营销，间接来看就是公关促进营销了，公关与市场活动对营销的价值几乎已经可以并驾齐驱。当然，营销还是核心目的，为了赚钱嘛。

说到这里，你会发现品牌和公关里面有一个共用词，就是“关系”。换句话说，品牌和公关都不讲道理。肯德基就是卖汉堡的，你要卖汽车就很困难，但不见得不好啊。所以，这里面充斥着非理性因素，这也是为什么我称之为“右脑时代”。因为我们左脑的核心是逻辑推理功能，而右脑则充满了艺术气息、情感创意和全局思维（就是我常说的格局）。

你会发现之前的时代是左脑时代，左脑型人才是专业的程序员、会计师、经济学家，这些专业技能决定了人的位置和价值。而在当下的时代，你会发现，右脑型人才开始充斥在各行各业，对，就是那些非常擅长“忽悠”和折腾的人。如果一个人左脑非常厉害，那么他是一个专家；如果左脑和右脑都非常厉害，那他可能是个成功的企业家；而如果只有右脑厉害，那就是个“忽悠”。在某种程度上，我们很难一眼识破，但你会发现，互联网时代，不说成功但说成名的门槛就已经很低了，越来越多的互联网名人，甚至朋友圈名人的出现，都告诉我们一件事，右脑时代已经来临。另一个环境基础则是，计算机强大的计算能力，包括技术的进步，大大弥补了大家在左脑上的差距，比如你通过搜索就可以找到各种问题的答案，零基础只“百度”做一个半专业的人也是没问题的。

所以，我第一时间发现了朋友圈营销的洼地，因为这基本没有什么技术门槛，比淘宝容易一千倍。我在朋友圈营销的培训中，讲得最多的是三大朋友圈奠基理论：1. 中关系成交；2. 情感营销；3. 体验经济。这完全都属于右脑领域，只要你做好这几点，在完全不懂技术或者产品的情况下，你都一样可以得到非常好的营销结果。所以我们突然发现，很多“90后”都获得了巨大的成功。

这个事情的好处是门槛低，坏处是“忽悠”崛起，概念满天飞，理论到处爬。吹出两个案例就可以到处讲互联网思维，做一些让人觉得有新意的举措，就要颠覆行业传统。最可怕的是，有些人把这些忽悠都当真了，自己一头扎进去，弄得头破血流。所以，我们需要知道，虽然进入了右脑时代，我们还是要做好基于左脑的基础架构，包括产品本身的优化、品牌的设定、传播策略的制定，只是这些要从过去的基于渠道，转为基于关系。

从自身出发，首先要输出价值，制造公关事件，然后逐步建立品牌，通过品牌建立关系，通过关系实现最终营销。

这里需要强调右脑时代的两个重点：高感知和高体验（体验营销）。

高感知的意思是，我们除了强调产品功能和服务外，还要学会强调设计、外观和独特用法。引用一位知名编剧的话说，现在这个时代，首先要看颜值，必须人好看，不然再红的网红身价也上不去。其次不要简单地输出理念，而是学会讲故事。目前谈理念已经太虚了，在信息高度丰富的今天，我们要通过讲故事建立强大的逻辑体系，以建立包含冲突在内的各种情节，增强人的感性认知。

跨界的产品能力，多领域整合营销的能力，用养儿子的方法去"养猪"，用对待父母的态度去对待客户，用包装钻石的方法去包装水果，跨界，即用一个行业的特质去改造另一个行业往往有奇效。

高体验的意思其实就是体验营销，即增强用户对产品的体验感，把产品赋予情怀、意义和高回报，让用户觉得钱花得超值。这种超值是建立在比较基础之上的，比如别人买螃蟹送醋，你买醋送螃蟹，你的醋就一下子就变成极品好醋了。

情商高、智商低的人总有贵人相助，智商高、情商低的人总觉得生不逢时，其实换成左右脑一样成立。懂了这些，你再去听其他人讲营销的技巧，基本就可以一法通，万法通了。因为营销技巧还是术的概念，无非就是通过一些办法来增强体验和参与感，这些方法运作的内功和根基，还是我的右脑理论。

03 流量思维

过去的商业模式一直建立在流量思维之上，不管是互联网还是实体商业，大家都是通过流量转化来实现自己的商业价值。比如开饭店，你需要找到一个好地段。所谓的金角银边，就意味着你的客流量会比较大，进店人数就比较多，生意就比较好。你需要的其实是更好的装修和招牌，使得转化率提升。

而到了互联网，流量更是互联网的血液。如果一个网站没有了流量，这个网站就死掉了。玩互联网营销最重要的是资源，因为资源可以带来流量，比如腾讯的弹窗、百度的推广、首页的头图，这些都是流量的源泉。很多人去模仿手机淘宝，做一个手机端的微店，最终为什么难以成功，就是因为他们只看到了淘宝是一个交易平台，没有看到淘宝是一个流量中心。淘宝不仅提供交易和系统，它更多地是在分配流量。有无数的人上淘宝，然后淘宝通过各种营销工具把流量分配出去，这才是淘宝的核心模式。如果没有这些流量，你做得再美观，支付平台做得再安全，交易流程做得再简便，物流做得速度再快，都是不会成功的。

所以说，在上一个时代，流量就是生意的核心要素，做任何事情都要先考虑流量，找到流量的获取方式，然后再构建自己的商业模式。所以出现了很多通过补贴来获取流量的办法，因为大家的注意力总是向有优惠的地方去聚集，当你给他补贴了几元钱的时候，他就会关注你这个产品进而使用这个产品，这实际上就是在买流量。所以说流量本身是有价值的，包括微信公众号，做点广告吸引一个粉丝，可能需要几元钱。微博开始做红包大战的时候，一个粉丝可能需要五角钱，现在吸引一个粉丝也需要几元钱。

移动互联网时代，流量价格是不断上涨的，为什么呢？因为之前我们上网的途径非常有限，比如通过浏览器上网，通过导航上网，通过百度搜索，这些都是流量入口。百度在这个地方做一个推广，导航在这个地方做一个链接，实际上就实现了流量的分发。但是在移动互联网时代，我们不具备这样的入口，App（计算机应用程序）使得整个流量入口变成了碎片化的，用户想使用什么服务的时候，都是直接打开相应的 App，不再需要通过浏览器或者某一个特定入口。

换句话说，移动互联网时代是一个缺乏入口的时代。从好的方面来讲，只要你的产品做得好，用户愿意使用你的服务，你就可以不受这些巨头的钳制。比如说之前做网站，如果不被百度收录，你可能很快就死掉了。现在你做一个 App，就没有人可以把你随便删掉。这给创业者带来了机会，也带来了烦恼，机会是每个人都有可能做大，烦恼是你需要付出更多的代价。因为你找不到统一的流量入口，你必须不断地去购买各种碎片化的流量。

所以说，互联网已经从一个流量时代进入了运营时代。什么叫运营？运营就是不断地提供服务，来促进用户的转化、留存和消费。大家可以感觉到这一点和微商很像，微商和电商最大的区别就是电商需要不断地做广告，不断地拉新客户进来，然后1万个客户进来300个购买，它需要不断找到便宜的流量并且不断提升转化率来降低流量成本。但是对微商来说，流量是稀缺的，大家的朋友圈就那么多人，微商需要的是在一个用户身上挖掘到更多的商业价值。比如，一个月销千万的淘宝卖家可能每个月有数千万的流量从他的淘宝店走过，但是一个月卖上千万的微商卖家，可能他只有10个大代理。

这就是两种商业模式最大的区别。而我们现在恰恰就是要进入这样一个运营的时代。所以说所有基于流量的项目和商业模式，可能都会逐渐被淘汰，至少说成本和技术要求很高，不是什么人都可以随便从中找到机会的。如果你看到什么项目的发展方向是拉更多人进来，可以发财或者说可以自动加粉丝什么的，都意义不大。这也是我们现在开始更多地提倡用社群运营的方式来进行商业合作的原因，我们建立一个社群，里面可能有几百人就足够了，这个级别的用户积累是可以通过努力而非资源实现的。

我们希望通过运营不断地促使这些会员去消费我们的产品或服务，从而给我们提供源源不断的收入。如果你做得足够好，会员还会推荐自己的朋友进来，我们的发展也会越来越快。在运营时代我们需要的是更深入地了解每一位用户的需求、想法、家庭环境和爱好，和他成为朋友，给他提供某一类长期的产品或服务，以获取长期的收益。

这种思维的变化，就是当前形势带来的最大变化。如果你能理解这种变化，从而去改变，或者是去选择自己的商业模式和方向，就有可能赢得一个新的未来。

04 从流量为本到以人为本

如今社交这么便捷，大家每天都可以保持很紧密的联系，就算不在身边，也并不会觉得疏远。就好像那天我刚从香港下飞机，在专车上，就用微信语音为新浪“蚂蚁邦”和“天下秀”做了一场线上的分享，如果放在几年前，恐怕要提前找好场地，招募好人，然后再去讲了。

社交市场目前是高度繁荣的，所以社交里面蕴含着巨大的市场价值。只是这个价值蕴含着很深的情感沟通成本，并不是可以像传统电商那样找一些流量的入口，引一些流量进来，就可以形成转化。我们需要和客户深度沟通，需要更有人情味的文案传播、更好的用户体验，然后希望用户去帮忙分享甚至销售，这可能不会一下子形成很大规模的销售，但好处是，利润和价格的重要性开始往后排，大家开始注重产品的品质和是什么人在销售。

很多电商问如何实现移动互联网转型，我想跟他们说的一个大前提就是，用户现在是人，不是流量了。如果你还用对待流量的态度去对待他们，那你会发现流量越来越贵，贵到让你无法接受。如果你把他们当人，一个人认可了你的产品，就有可能爆发出巨大的销售能量，进而有可能实现销售的爆发。

但是不好的事情同时也在发生，掺杂感情和沟通的事情就没有办法被量化，里面就会出现很多有技巧的欺骗。比如我曾见到一个做长线产品美白针的小哥，几个月前我认识他的时候，他的长线产品是卸妆品，中间还做了咖啡和洗发水，我觉得他可能注册了“长线”这两个字做品牌，所以做什么都是长线品牌了。

这么做当然是符合市场需求的，因为只做一个产品，最后一定就做死了。原因也很简单，大家也只是当用户是流量而已，培训一下，激励一下，产品压下去，然后就自生自灭了，这显然不是一个靠谱的套路。曾经有人请教我如何做引流，说想加一些小白用户培养。有一些做互联网的人在这么做，好像效果不错。我就跟他说，三年前，你就在培养小白，到了今天你还要培养小白，不觉得疲惫吗？这样会有未来吗？

我经常跟很多人说，现在的事情，是做给三年之后的。但大部分人觉得自己等不了那么久，就想要眼前的回报。我跟很多人说，要好好维护自己的客户，要搞好产品，用产品来推动销售，但是更多的人还是选择培训、洗脑、压货这种套路，三个月后，渠道疲惫无以为继，然后就忘掉自己当年说的“我要坚持把这个产品做下去，做长线”的豪言壮语，然后又推出一个新品并告诉大家：要不要来试试这个新产品？有明星代言哦。这么着急，只能耗费自己的公信力，消耗大家对自己的信任，最终其实还是会错过这个时代，尽管你一度抓住了先机。

一般说来，95% 以上的抓住时代机遇的人，最后都会消耗掉时代赋予自己的财富。一些卖货团队也跟我讲，自己的团队被冲击得很厉害，甚至有的人选择去做资金盘去拉人头这些违规的事，而不是安心卖货了。我说这个事情其实非常正常，任何一个趋势到来的时候，抓住机会的人都能赚钱，当趋势过去之后，赚钱变难了，他们就会去找捷径。从一开始的卖货，到后来的拉人头，再到最后啥也不用干，你给我钱，我就给你返更多的钱，这是人性的弱点，你控制不住，最终就会迷失其中。人穷不过要饭，不死终会出头，人无远虑必有近忧，不看得远一点，就很难抵挡近处的诱惑。从这个角度来说，这几十年其实没有什么不一样，每个时代都有每个时代的弄潮儿，然后时代过去又会出现大批被抛弃的人。想不被时代抛弃，就要不断地革新自己的产品和模式，坚守自己的内心和追求。

就好像很多“大熊会”的会员并不是我招募的一样，他们是看了我一年的文章觉得还不错，才来找我沟通学习的。很多人觉得弄一堆头衔把自己包装得很牛气的样子，就可以把人忽悠住，那就太天真了，感情交流是需要时间的。把人当流量去看的话，引一大堆对你无感的人，其实并没有什么用。流量转化这个逻辑事实上是互联网时代的逻辑，在移动互联网时代，这个逻辑显然是退居二线的。并不是说流量不重要，而是从流量转化开始变成深度运营，我们要去充分了解我们的用户到底需要什么，让他们长期消费我们的品牌，而不是今天引一波流量转化一部分，明天引一波流量转化一部分，最后引流成本高过转化利润，商业模式也就土崩瓦解了。

这其实是互联网人最大的误区，长期以来的流量思维禁锢了行业在模式上的创新，大家做的所有项目无一不是建立个入口，多攫取一点流量，最后像一条不归路一样走向衰亡。而一些抓住社交机会的人，仅仅靠服务自己的圈子就可以过得很好，他们也许没有特别大的流量，但是收入非常不错。这也是为什么我们要讲社交变现，而不是流量变现的原因。做流量是一个技术活，做社交其实就是交朋友，还是在手机上交朋友，几乎没有人会有这种社交障碍。不要天天想着引流，要多思考一下如何维护和挖掘自己的社交资源，这才是当今赚钱的正确思想。

05 移动互联网时代

世界一直处于变化之中，按照大概每 10 年一个时代来划分的话，差不多每个 10 年都有非常明显的时代机会，差别只是你是否在这个机会的行业之中，是否参与了这个大潮之中。“风口上的猪”更通俗易懂地解答了这个问题，只要风来了，猪都可以飞，而不是我们通常认为的，唯有勤劳努力才能致富。

比如 20 世纪 80 年代的“投机倒把”，90 年代的股市、家电，2000 年的互联网，2008 年开始的房地产大潮等。很多时候，只是时代选择了一部分人而已。从另一个角度来说，这其实也给了很多普通人一丝希望，起码逆袭成功有一半的可能并不在自己身上，而是在时代身上。如果你自己只是 30 分，抓住时代机遇 50 分，可能最后的结果就是 80 分。而 50 分的人比你优秀很多，但没有抓到什么机会，可能最后也就是五六十分的结果。

从 2013 年开始，移动互联时代开始改变世界，带来了一大波机会，我称之为“九大风口”：手机、手游、App、智能硬件、自媒体、微商、社群、O2O（线上到线下）、P2P（个人对个人），你如果从事其中的某一项，多少都会有些收获。2016 年，这个时代级的风口达到巅峰，大批人因此逆袭，而 2017—2019 年，则进入了一个新的三年，风口开始过去，机会逐渐变少，不过还是有很多逆袭的机会。

不管你想如何逆袭，大时代都是不能忽视的前提。现在的逆袭，可以说都基于移动互联网。几乎创造了这个时代的苹果公司，已经是最大的逆袭玩家，它几乎占到了科技圈的半壁江山，并引发了 App 大潮以及后续的安卓普及。所以，逆袭的第一步，还是要先了解一下这个时代发生了哪些变化。

移动大时代

移动互联网时代不再只是一个概念，而是一个已经来到我们面前的时代。中国互联网满打满算不过二十几年的时间，移动互联网也许用不了 5 年就可以达到同样的规模和覆盖。当然，大家不用太纠结数字的精确性，领会精神就可以了。

苹果手机在 2007 年诞生，安卓手机 2008 年诞生，2017 年很多网站的流量已经有 50% 甚至 70% 来自手机端了。所以这个大潮激烈而且迅猛，完全可以颠覆旧有秩序。巨头开始恐慌，互联网 BAT（百度、阿里、腾讯）的稳定格局开始出现更多的不稳定因素，不出意外，在移动互联网时代，这个秩序会被完全颠覆。不是说三巨头不行了，而是它们无法轻易地扼杀小公司了。

在此，对这些格局未来的变化我们不去做深入探讨，我们来探讨一下生活方面的改变。很多时候，趋势的改变，往往是因为生活习惯的改变。

想一下，你的生活习惯被智能手机改变了哪些？

第一个被改变的是获取信息的方式。

因为手机越来越智能，也越来越快捷，所以人们开始越来越多地选择在手机上获取信息，同时逐步放弃一些传统的信息获取渠道，比如电视、广播、报纸等。有些时候，这是一种方式的转化，比如电视节目可以用手机（包括平板设备）看了，大家看电视就少了。有些时候又是形态的转化，比如你有一些新闻阅读客户端，所以你无须购买报纸也可以看到同样的新闻。又比如很多人开始用微博来获取新闻。但假如你选择下载一家报纸的 App，那么就还是第一种情况——媒介的改变。

信息获取方式发生了改变，原本的商业模式就发生了改变。比如说之前媒体上的广告意义和现在完全不同，之前的广告传递的更多的是信息，而现在传递的更多的是公信力。比如在央视做广告的意义不仅仅是做广告，还有一种信誉的背书，起码是企业实力的一种标志。

这种情况的核心原因还在于信息过载带来的效率降低。这句话意思是，在之前只有一家电视台的时候，这家电视台放什么广告，都会成为全民热点。而当有了上百家电视台的时候，你在什么台投放广告，可能都不会成为全民焦点了。当人们可以从大量的渠道获取大量的信息的时候，这些信息对人的影响会自然地降低，而传播一条信息给所有人的成本则大幅提升了。这些变化让信息的传播开始发生变化，商业模式自然也就有了变化。

第二个被改变的是人们的社交方式。

之前我们在手机上进行的社交和在电脑上进行的社交几乎是完全不同的，我们打电话的朋友是一批人，聊 QQ 或者刷微博的是另一批人。然而因为移动互联网，尤其是微信的产生，这种状况被打破了，打电话的朋友和刷微博的朋友乃至聊 QQ 的朋友都逐渐转移到了微信上。于是，我们的社交关系就被改变了。被改变的方向主要有两个，一是社交的对象，二是社交的频率。我们和社交对象的关系显著加深了，以前你不经常打电话的朋友也许会经常发微信，之前从不电话的网友之间也许会开始互相发送语音。而社交频率的变化则是，之前的沟通是有场景限制的，比如我在电脑前才会 QQ 聊天，有事的时候才会打电话。现在你的微信全天都在线，你们随时可以沟通。

当社交被增强之后，社交带来的信息交互显著增强了，这个时候，你看书、读报的意愿就会继续降低，大家宁可去看一下朋友圈或者刷微博什么的。这就意味着一点，通过社交，你已经有了贩卖信息的可能。这里要注意，信息不仅仅是指消息，产品也算是一种信息，这里的信息所指是宽泛的。换句话说，人都需要信息，人习惯通过社交来获取信息，而有需要就是价值，所以，你可以通过社交去向他出售需要的信息。如果他需要的信息是鞋，那么你就可以卖鞋给他。如果他需要的信息是某种资料，你就可以卖资料给他。

所以，不管大家如何去理解移动互联网时代，生活习惯的变化，带来了巨大的社会变化，乃至商业变革。举个最简单的例子就是，之前你上街吃饭一般是走累了就近找吃的，这个时候，饭店的地段就非常重要。而现在你去吃饭时也许会上大众点评看一下周围都有什么饭店的推荐或者有什么优惠活动，然后按图索骥。这个时候，地段的重要性就开始下降。那么之前流传的开店的技巧也就发生了变化，这就是我们去谈微营销的一个现实基础。

获取信息的方式是怎么变化的?

这么重要的基础是无法通过几段话来讲清楚的，所以还是要仔细分析一下这个问题，毕竟这是整个微营销的核心和基础。

其实，人们获取信息的方式一直在变化，每一轮变化，都会带来很多商业形式的变革，比如说短信，就曾被称为第五媒体，在非智能机时代，也是一个巨大的产业，甚至至今还是，只是开始逐步衰落了。最明显的案例就是拜年短信的减少，而拜年微信却增多了。

互联网也曾经对人们获取信息的方式做了巨大改进，比如说搜索引擎的出现，真正让很多人成为专家。因为有问题它都可以迅速地搜到答案，而不用像以前那样还要去图书馆查索引。但就和开头说的差不多，虽然互联网很强大，但是和现实社会的生活还是泾渭分明的，很多互联网公司的服务地域性都比较强，时间性也比较强，起码我需要正儿八经地坐在电脑前，才会去用电脑查询资料。而很多人并不喜欢在电脑前坐着，这被我们称为小白用户。但现在，几乎每个小白用户都有智能手机，而且不需要坐在电脑前，就随时可以通过戳戳点点来获得信息和处理信息。所以在互联网时代不投互联网广告的传统企业一样可以活得很好，而移动互联网时代，已经有很多行业——注意是行业而不是企业，开始发生了变革，已经不是活得好不好了，而是能不能活的问题。

所以很多人在互联网时代没有改变什么，依旧还可以活得很好，但移动互联网时代如果还不做改变的话，显然，可能就会遭遇灭顶之灾。

06 社交的工具

我们谈社交变现，自然要先说说社交工具。社交工具是非常复杂的，因为有特别多的形态，比如个人博客（专栏）、BBS 论坛社区、人人网、QQ、微博、微信、陌陌、秒拍等，所有产生内容的地方都可能有社交，所以我把内容工具也都算到了社交工具之中。毕竟在我们的社交变现中，引流是日常重要的一步，而引流的方式自然就是内容的推广。所以我们说的社交工具，不仅仅是聊天工具，还要包括内容工具。

随着社交工具移动化的趋势越来越强，它们也就有了越来越大的影响力。比如论坛还是基于互联网的，必须要有电脑才可以去看。而到了微信、微博，你已经完全不需要打开电脑了，在手机上就可以完成绝大部分操作。而越脱离电脑，就意味着局限性越小，粉丝的黏度也就越来越高，因为你可以随时影响他们。

个人博客形态的产品，是自媒体的核心产品，因为博客这样的产品会比较深刻地记录你的思想和价值，而且是成体系、可查询的。也就是我们说的，核心内容是基于博客的。

BBS 论坛（包括贴吧）这个产品的重点在于互动，因为大部分是对某一类话题感兴趣的人在里面沟通，所以它是一个互动的地方。你的内容发在这里，会引发讨论，但是时间长了，就会“沉掉”。混论坛是一个比较典型的个人品牌建立的范例，很多人因此成为论坛名人。在一些母婴社区、摄影社区、军品社区等，这些人就有了导购的影响力。而这些社区往往也会开展电商业务，有些做得还不错。

到了 QQ 空间、人人网这样的形态，就是在博客的基础上，又加上了社交。一方面，大家可以按照时间顺序很好地保存自己的博客内容；另一方面，大家又可以看到自己关注的人的更新，然后产生互动。所以在这个形态的产品中，已经有不少年入百万元以上的营销大号。而单纯的个人博客和 BBS 论坛就日趋式微了。

微博是自媒体的巅峰之作，因为微博有两个非常强大的功能，一个叫作“转发”一个叫作“@”。转发可以让信息迅速传播，而“@”可以让陌生人看到，尤其是可以激发大号的关注，通过大号的传播，可以让一件小事迅速变成一件大事，获得足够的曝光。这里面有一点不好的是，每条微博的内容比较短小，传播能力虽强，但深度不够。信息传播采用瀑布流的方式，也没有了博客的那种体系和沉淀。所以微博这个产品，更多地偏重媒体部分，因此更像是一个媒体。而基于这个媒体，是非常方便做个人品牌的，也成就了很多意见领袖。甚至很多名人，也在这个平台上，往意见领袖的方向去混。

微信和微博相比则恰恰相反，微信的私密性和互动性更强，传播性则差很多。但是因为私密性和互动性比较强，就具有了深度留存粉丝的可能。这里要谈到微信的两个功能，一个叫作“公众平台”，一个叫作“朋友圈”。公众平台是一个可以直接向粉丝群发内容的平台，是一个稳定、精准的价值输出平台。而朋友圈则是类似微博的一个产品，强调的更多是朋友之间的分享和互动。微信公众平台加朋友圈，则是一个非常完美的自媒体平台，既有精准传播，又有宽泛互动，这也是微信推出后，自媒体终于火爆起来的原因。

现在比较流行的是视频直播，不过在这本书面市的时候，这个领域应该会有一个很大的升级和洗牌，会洗掉很多的乱象和浮萍，让一些有价值的内容浮现，而且会变得越来越专业。当然，视频直播包括短视频，比如秒拍、小咖秀这样的，都是有很大的价值的。包括 papi 酱在内，也是靠短视频火爆的典型。我反而不太看好直播，因为直播的优点在于内容的真实和实时，缺点则是难以沉淀，所以我觉得直播最后应该也会栏目化，更精良的内容制作，才有留存和流传的可能。

那你说我们做的时候，要选哪个工具呢？目前看，能选多少选多少，形成一个交叉矩阵，效果是最好的。

换句话说，你写一篇文章，博客也发，微博也发，微信公众平台也发，朋友圈也分享，QQ 空间也发，人人网也发，贴吧、论坛也发，能发的地方，你都发出去，因为每个地方影响的人群都不一样，也都可能产生你的粉丝。你分享的地方越多，吸引到的粉丝可能就越多。这里需要注意的是，每篇文章最后都要留一个粉丝的集中入口，比如一个二维码，让他们可以关注你的微信，这就形成了一个粉丝的集中，微博、微信都是最终管理粉丝的工具。

工欲善其事，必先利其器，就是这个道理。对每个社交工具的充分利用，以及不断地制作有价值的内容，是我们打造个人品牌的必经之路。不同工具之间的粉丝引流，也是必修课。当你在某个平台的粉丝数量达到一定规模后，你就可以和其他类似的大号进行合作互推，再次扩大自己的粉丝规模，然后继续向自己的微信引流，这种引流是关注公众平台还是直接加好友都没有关系。当你有几千个、上万个忠实粉丝的时候，你就已经是一个不小的意见领袖了。这个时候，不管你做什么，起码都可以达到一呼百应的效果。而很多专业人士，就已经可以利用这些实现自己的商业价值了。

目前我见到的，做类似营销的实在是充斥着各行各业，但目前需要注意的是，服务行业会特别有优势，因为有服务在里面，体现了个人品牌的价值和专业度。比如说保险服务、美容服务、咨询服务、各种培训等。还有一些销售产品的也有不错的效果，比如代购、定制。在可以预见的未来，这种个人品牌的营销，会成为一种潮流。而粉丝追随者，也会成为一种虚拟的资源，像钱、关系、出身一样，影响一个人的命运。

写到这里突然想到一个案例，就是“微博 @ 学习粉丝团”。它只是一个住地下室的北漂小伙子无意间做起来的账号，最后卖出了天价。这是一个完全只靠网络运营创造的自媒体奇迹。

07　碎片化社会的意见领袖

从智能手机出现开始，人们的生活就变得碎片化了，人们开始无法接受长时间集中精力的阅读或者做其他的事情，稍微有空的时候，就会拿出手机摆弄一番。其实这并不是个好现象，会让人无法集中精力。比如说，现在长文章没有人看，因为很多人无法坚持读到结尾，所以我写文章一般在 1500 字左右，其他人估计写 800 字就可以了。

社交网络的出现，则让人际关系也开始变得碎片化。在各个领域都出现了很多意见领袖，每人影响一部分人。如果在微博时代，大号还是传播节点的话，那么在微信时代，朋友圈就成了影响节点，我们都在用自己的生活去影响其他人。而这个时候，朋友圈里也一样会出现意见领袖。微信公众平台则取了中间值，既是意见领袖，又无法很快扩散和传播，以此来控制公众平台不要走上新浪微博媒体化的老路。

我曾和一位做雅思培训的老师聊天，得知他的微博粉丝有好几万人，微信粉丝也有 1.8 万人，而且全部都是真粉，做到像他这样已经算是成功了。唯一有困扰的就是，粉丝往往在考试前后活跃，其他时间里就安静得好像死去了。他的一个感受则是，随着社交网络越来越成熟，个人品牌的传播方式越来越多，影响力也越来越大。他觉得，之前自己在新东方是名师，走出新东方就什么也不是，相比之下，平台的作用更大，现在，你可以成为微博、微信的意见领袖，你在什么平台并不重要。

他的观点隐隐地透露出了一丝未来的样子，而思考的结论则是，未来将会成为一个碎片化的社会。换句话说，在各个地区、各个领域，都会存在那么一个个大大小小的意见领袖，而他们将会影响他们身边形形色色的粉丝，最终形成一个不一样的生态，一个无法被统一控制的生态。

这并不是危言耸听，而且这种情况在娱乐圈就是一直存在的。明星的粉丝决定了明星的层级，也决定了明星的商业价值。在传播并不发达的时代，占据传媒主流的演艺明星一定是最耀眼的粉丝领袖，纵使在今天，微博上粉丝活跃度最高的依旧是艺人。不过有一点不好的是，明星都有自己的生涯周期，粉丝的口味变化很快。但意见领袖的职业生涯就会很长了，因为对意见领袖的认同，往往是基于价值观、个人能力而不是娱乐的。这种思想能力上的东西，不会因为肉体的老去而有所变化。

这种情况看似有些远，但实际上在其他领域也可以看到一些雏形。2013 年巨头之间的各类并购特别多，和往年有很大的不同。我想巨头们也陷入了一种焦虑之中。在个人电脑端，巨头可以垄断流量，垄断社交关系，垄断渠道，通过抄袭和强大的渠道优势，可以搞死大部分中小竞争者。但在移动互联网时代，这种控制力不复存在。每个 App 都有自己的一小块天空，等待用户的光临，其他的 App 很难对其形成影响和干扰，整个市场碎成了一个个的小区域。就好像在即时通信领域，陌陌居然可以在 QQ 的眼皮下开辟一大块市场，这不能不让人感到变革已经来临。这种巨头的焦虑导致了资本收购大行其道，成一个就收一个，总比将来被逆袭要好很多。

回到刚才意见领袖的话题。

意见领袖如何形成商业价值呢？这就又回到了传统的传播矩阵了——互推。比如说我的粉丝里面有想学习英语的，我会推荐给英语老师，而英语老师则会把他粉丝里面想学习品牌传播的介绍给我。如果再多一个音乐老师呢？再多一个律师呢？再多一个会计师呢？意见领袖很快会形成一个矩阵，互相推介，类似现在的异业联盟。但受到个人的能力所限，粉丝的数量也不会达到一个惊人的数字，于是就形成了大大小小的各种意见领袖生态圈。然后社会也就跟着碎片化了。而这些生态圈的组织形式，从目前来看，更靠谱的形态是社群模式。

这里需要注意的是，虽然我认为微信公众平台不具有营销价值，但它依旧具有品牌塑造价值，真正的营销价值在朋友圈的效果就更为直接。既然是工具，使用的时候，就一定要扬长避短，做适合的事情。而碎片化的社会，意见领袖的传播工具，就是微博、微信这样的工具，微博的优点是更为公开化，传播效果更好，微信的优点则是更为私密和直接，成交率更高。

这是目前最为明显的机遇和机会，也是我们必须认清和认同的前提。

08　巨头的挑战与传播的困境

2016 年，宝洁陆续出售了 43 个品牌。把小品牌剥离后，它开始把重心放在拥有玉兰油、SK-Ⅱ、飘柔、潘婷等品牌的美容部门，不过这并没有起到太大作用。在2016年一季度，宝洁销售持续下滑12%，跌幅为过去七个季度之最。而宝洁并不是个案，包括康师傅、娃哈哈在内的传统快消品牌均有不同程度的销量下滑，传统快销巨头进入了沉沦泥潭。

为了应对这一局面，宝洁的措施是与合作了将近20年的法国阳狮集团（Publicis Group）正式分手，将北美大半部分的媒体采购和规划项目移交给了宏盟集团（Omnicom Media Group，OMC）。宝洁意识到了，自己在传播上出了问题，传统的传播方式已经无法实现较好的效果了，传播渠道的巨变引发了巨头的下沉。

目前传统广告的现状

1. 内容变多，广告变多，产生了收视点陷阱

尽管还是有很优秀的高收视率的节目，但同一档节目内的数十条广告难免过于分散，除了冠名、特约之类的大手笔，其他广告很难给观众留下印象。用户之前看电视主要是为了打发时间，而现在看电视则更多地在消费内容，用户的专注度更高，所以广告对其的影响也就开始下降。因为节目众多，王牌节目稀少，所以这样的广告投放价格也特别高，动辄就是几亿元，很多品牌并没有能力做这种广告投放。

2. 数字化效果并不如意

人们观看电视的频次和时间都减少了，很多电视节目也都是在网上观看的，这使得视频传播非常分散。与看电视为了休闲不同，观众在观看网络节目的时候目的性更强，对广告的厌恶程度也更

高。调查显示，观众对电视广告接受度为15%，对网络视频广告接受度仅为10%。不仅如此，因为视频的多样性，导致对目标用户的甄别也相当困难，所以在当前视频网站的广告投放中，整体效果只能说差强人意。

3. 户外广告形式大于实质

大规模投放户外广告目前看来更像是公关行为而非广告行为，一般显示的都是财大气粗或者声势浩大，广告内容本身反而缺乏关注。这和用户的手机使用频次越来越高有很大关系，用户注意力并不在周围环境的广告上。而电梯内的框架广告和扶梯等处的广告却好很多，因为很多电梯没有信号，在相当长的楼层爬升封闭环境中，广告效果反而会好。

4. 移动端广告效果并不理想

尽管大家都在玩手机，但手机广告的效果却并没有预期中那么好，而且由于屏幕太小，广告的展现非常有限，用户使用中看到后会非常抵触。

从以上的变化中我们可以看出：什么样的广告是有效广告？人们在很休闲的情况下，不得不找什么东西看的时候的广告才有效；什么样的广告是无效广告？人们有很强的目的或者正在做什么事情的时候，你强迫他看的广告，就比较无效。

其实快消这个领域的打法很直接，电视广告轰炸，线下渠道覆盖，消费者从电视上看到了广告，在渠道里看到了产品，自然形成购买。消费者看不到广告，或者你的产品没有铺到渠道，那你的广告基本都是白做了。所以一般说来，巨头们做广告都是多渠道轰炸，形成规模效应，屡试不爽。

但现在的情况是，传统广告在发生变化，渠道也开始分化，电商的冲击让线下渠道也开始分化，两者都出了问题，整体自然就要走衰。而很多垂直渠道的小众品牌，则都有了自己的一亩三分地。在一次针对洗发水品牌的调查中发现，之前消费者的选择往往是巨头们的几个牌子，但现在不但每个被列出的品牌都有人在用，更有人补充了列表里没有，自己从海外买来的一些产品品牌。这种分化，蚕食了巨头的市场。

最终的结论是，目前的传播和渠道都发生了很大的变化，这种变化是移动互联网带来的改变。除了一些垂直的特殊渠道，大部分媒体正在接受考验。而对于厂家来说，广泛地影响很多人已经很困难了，垂直地去抓住某些消费者，并加深和他们之间的关联，显然更靠谱一些。

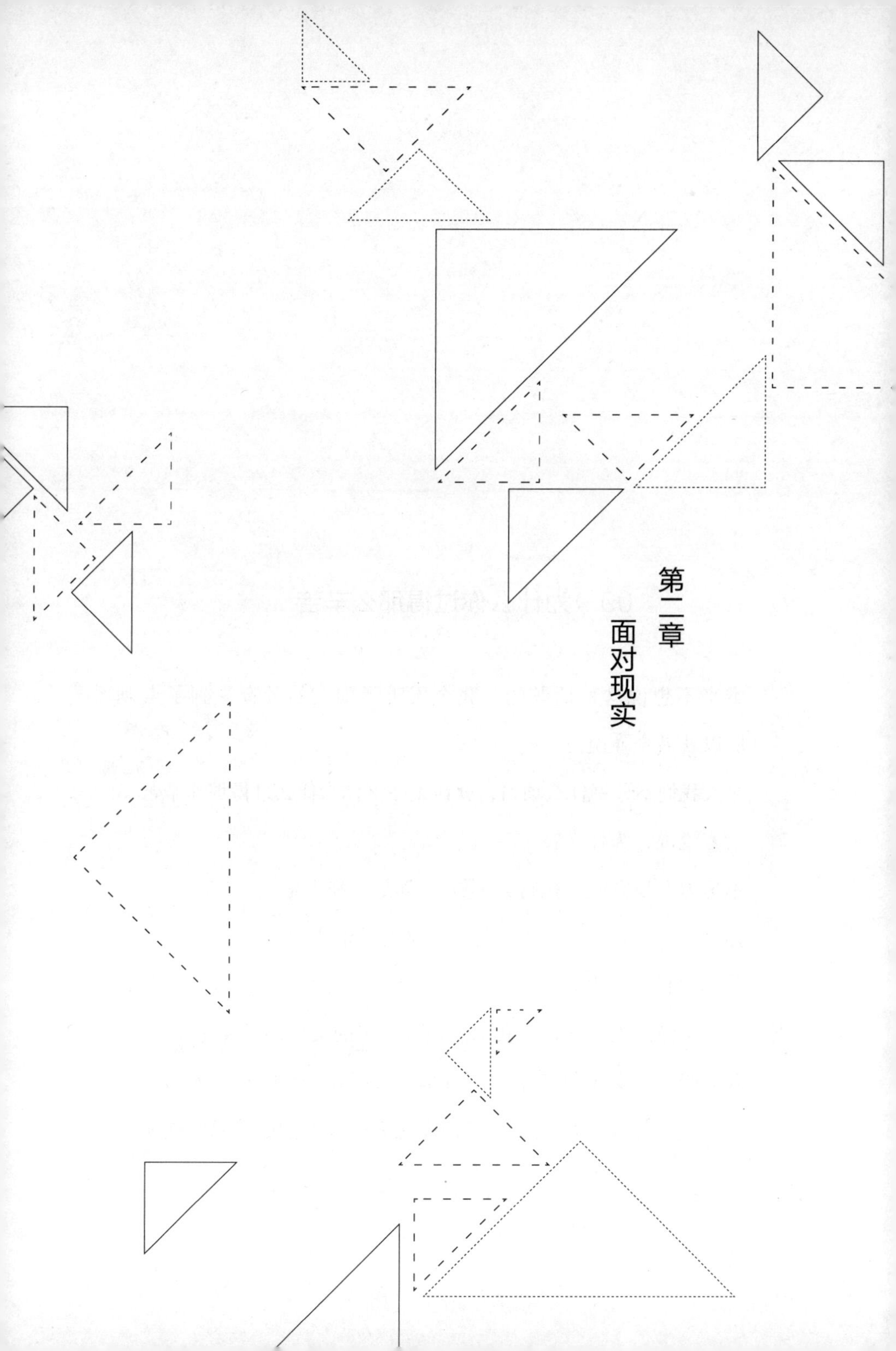

第二章 面对现实

09　为什么你过得那么辛苦[①]

本来不想说这种话题的，我今天听了别人的录音受到了点刺激，所以就借今晚说说。

今天我们不分享什么项目，就讨论一下你为什么过得那么辛苦。

大家说说，为什么？

不努力？没方向？执行力不够？ 都是也都不是。

你之所以辛苦，是因为可怜之人必有可恨之处。

分享项目后我发现叫好的人多，操作的人少。懂的人，都叫我别分享；不懂的人，估计连我前后整理出来的文字都没读完。

我昨晚在手机上打字给大家分享，打了几个小时打到手酸才打了几千个字。你连看都懒得看完，你说你这种人能成功吗？能赚到

① 本文为某群内的聊天记录分享。

钱吗？

我 2007 年出来工作，一直都是做网络，从最初的发帖、发软文，被删，然后又发，又被删，到半夜起来发，帖子终于可以见到第二天的阳光了。2007 年到现在我用烂的键盘估计不下几百个。

实验不实验不用和我说，每个人都对自己的情况有了解。你赚了钱也不会给我分，不赚钱也不关我的事，对不？

你为什么不赚钱？就是因为你一天到晚只喊不动，雷声大雨点小。其实做事赚钱难吗？ 不难，一点都不难。

我说了人只要不懒，一个月赚个几万，就是分分钟的事情。

就拿我昨天说的“垄断百度关键词”，只要是个人都可以做。我几分钟就可以找出百度没有收录的关键词。

你说你笨点，没事，你从昨晚我说完一直找到今天你敢说你找不到一个词？对不对？

我最不喜欢的就是自己不肯想，什么都问别人的人，还有人过来问我，说他找不到，能不能帮他找下，对于这种人我直接拉黑。帮你找？你为什么不叫我直接给你钱呢？对不？

人笨没关系，但是别懒。

找出关键词，提交到百度。你一天就去“百度知道”回答 20 个问题，去提问 20 个问题，去 20 个论坛发软文，一天就有你 60 个关键词的收录，一个月 30 天就有 1800 条关键词的收录，一个月后，你一天出个几单不是跟捡钱一样吗？

所以问题的根本就是你太懒了，什么都想依靠别人。

这个世界没谁有义务帮你，你自己都不努力，别人怎么帮得了你呢？

牛人有两种：一种是真牛，一种是装。

什么是装？

别人买车你也买，别人买个苹果手机你也买；人家买个苹果手机也就花几个小时的收入，你买个苹果手机要花掉你一两个月的工资，这就是装。你还好意思拿个苹果手机去泡妹子吗？别到时候约会的钱都没有。

人要有自知之明，我相信 80% 的人其实和我一样都不是什么富二代，很多东西都得靠自己去挣。

你既没钱，又不舍得豁出命去做事，一天到晚还唉声叹气，装可怜。每天上班 8 个小时，下班学老人家散步、看电影，晚上没事看韩剧哭得天昏地暗，一天羡慕这个幸运那个有人帮。

每个人的成功，都不是偶然的。你看到的都是外表的东西，他背后付出的汗水又有谁懂呢？

你们都羡慕范冰冰红遍全球，都说她靠什么关系上位，你们都错了。某期《出彩中国人》节目上，看完一个小女孩的表演后，范冰冰说，她从这个小女孩的身上看到了小时候的自己，每天早上 5 点起床训练、跳舞……有了小时候的努力，她才有了今天的成就。

她自己都做得这么成功了，一年到头都还是不断地拍戏，接广告，学习。就没一天不努力工作、学习过。

俗话说，贫贱夫妻百事哀。我在小的时候就深有体会。我家是农村的，家里没钱。我老爸一个月努力工作也就只有一两千元的收入。那时候，我爸和我伯父，为了争那么几十平的农村房子——现在算下来都不值两万元钱，但是在当时，就因为这么点钱，兄弟反目——闹上法庭被人笑话。在农村生活过的人都应知道，这种事情比比皆是，哪怕就是因为一包烟、一句话、一块红薯，都可以吵闹个半天。今天谁家又偷我家一颗白菜，满村骂街，对不？这些都是因为什么？就是因为贫穷。

直到我毕业工作后，我家和我大伯两家才重新和好。

为什么？

我毕业后，自己赚钱在外面买了几套房子，我堂哥自己也在城里买了房子。现在你叫我回去看那个老房子我都懒得看，但是，我还是把老家的房子修得漂漂亮亮，就是要堵住那些以前笑话过我们的人的嘴。

我和我堂哥，想想以前小的时候看到的，都表示不可以理解。但是归根结底，就是因为穷。为了这么点钱兄弟可以反目，朋友可以互相出卖，连亲爹娘都可以不养，不就是因为穷吗？

所以，你有什么资格满足你现在的状态？一个月只挣几千元钱，你不死磕不去努力？我回老家，经常被同龄人——我的同学或朋友，拉着去唱歌。我经常拒绝，但是实在拒绝不了的还是会去。

除了应酬，我很少去玩。因为每次去的时候，看到门口停着的那些价值上百万元的车的时候，我很不自在，感觉自己就是个草根。数数门口这些，有多少属于我？这些同龄人大多混得比我差，不是公务员，就是在事业单位工作，又或是普通公司员工，一个月就挣那么可怜的几千元钱还在我前面显摆，有意思吗？

有一次我一个朋友来南宁培训，我请他去吃饭。顺便我带公司几个人一起吃了一顿。吃完后，他问我吃这一顿饭花多少钱，我说我不知道，我得问问财务。后来我告诉他花了不多，也就 3000 多元，然后他就说：哇，顶我一个月的工资了！

他回去后，就私下在我们同学群里面说我装 ×，我当时真的很无语。对他来说，花 3000 元吃一顿饭是装 ×，但是对我来说，你到了，我就尽同学情谊请你吃个饭，我平时请别人也这么请的。

从那以后，他的电话直接被我拉进了黑名单。

所以，人在穷的时候，目光也就变短浅了。

我今天听的录音，说到了一件我很有感触的事。

小的时候，每次问父母要钱，父母都会说，你要钱干什么？家里面什么都有。

买作业本。家里面不是有作业本吗？

想买个五角钱的泡泡糖。然后父母说，买这个干什么，你还读书吗？

最后，小孩不问了。

在别人眼里，这个小孩好懂事，从来不问父母要钱。其实哪个孩子不想花钱？不是小孩不问父母要钱，是父母赚不到钱。你想你以后的小孩，也过这样的日子吗？

有的时候，很多东西，看似很好，其实都是无奈。

为什么？你没钱啊。你不努力，将来你有小孩了，你教育小孩，要什么什么样，怎么怎么努力，你看别人什么什么样。小孩一问，爸爸你以前为什么不努力呢？

哈哈，我听到这个感触很深。

很多时候，我们都习惯给自己找借口，把希望寄托在别人身上。做项目也是这样，我分享完一个项目，很多人问我现在在用什么软件，又问这些软件收费怎么办。其实，没什么难的，告诉你方法了，你试都不敢试，那我也没办法了。

我每年花在培训上的钱不下几万元，不是为了进去学什么，而是希望进去学人家的模式，他是怎么赢利的，怎么操作的。

现在就算给你制造原子弹的所有机密材料，你能造出原子弹吗？所以，人应该把自己放低点，脚踏实地一点，不要有那么多的抱怨。别去空想那么多没用的，先去做，死磕自己。就像我前面说的，你发帖，发一天被删了，你就说不行了？

我们公司也发生过这样一件事。某年 9 月，我们微信部门一天可以加粉 5000~10000 人。加了一二十万的粉以后，我就推电商的软文。那时候，我不管下面的具体工作，都是安排给具体负责人去做。一天后我问：发了吗？出单吗？这个负责人说：发了，不出单啊，没效果啊。

因为当时项目比较多，我没多想，以为真的行不通。直到有一次我带着下面一个负责引流的人去向别人学习。人家问道，你发了多少个微信？发了多少次？然后那个负责引流的人——也就是以前那个负责人，说就叫他发了 5 个微信号，各发了一次。我直接“吐血”了：几十万的粉丝，上百个微信号，就发了 5 个，各发了一次，然后就给我答复说，没效果！当时我脸都红到脖子根了。

然后我回来，就对这个负责引流的人说，你这个星期，什么都不用做，带着两个人，就刷我上次给你的软文，每隔三个小时刷一次朋友圈。第二天，就直接出了5000多元的单子。这才只刷了一天。

所以，从这个事情就可以看出，很多人做事，就和那个负责人一样，只是随便试了下，就说不行。

发帖也是一样，很多人跟我抱怨说："老师，我发了两天了，没一个IP啊。"你说我要怎么回答，你每天就发那么几个帖子，就想来IP、想赚钱，如果这都能行，那中国就没有穷人了。

你要赚钱，你就得对自己狠一点。别人一天发60个帖子，你一天发600个行不行？白天被删，你晚上发可以不可以？别人坚持一两天，你坚持一两个月，你能不赚钱吗？你想不赚钱都难。

网络赚钱的门槛真的很低，前后投入也不过几百元钱，不像我们弄实体连锁加盟，到现在都投入了100多万元了。其实我是非常不喜欢靠实体店赚钱的，如果靠开一个店、一个门面，投入几十万元，但是赚的钱，一个月估计都比不上我在网上一天赚的。

我们这代人很幸运，赶上了互联网时代，创业的门槛很低。别说什么风口，你先养活自己，赚到钱再说。任何项目其实都不难。研究对手也很简单，因为网络是透明的。

但是想想当初，所有人都和我们一样，都是苦苦熬过来的。我们连续两年没有在两点之前睡过觉。这些，问问我身边的几个股东都懂。我们是在一间破民房里面开始的，所以，老天其实是公平的。

别想太多，积极行动起来，有过创企经历的人都会明白。其实对创业者来说，当你有段心酸史时，你也是幸福的。

我刚毕业那时候，借钱去做水果贸易。7000元钱都是借的，结果最后亏得只剩 300 元钱。然后我用了 100 元钱去上网，通宵研究竞价；用 100 元钱去开谷歌的推广账号；然后用 100 元钱做伙食费，我一天就吃一个 5 角钱的菠萝面包。我白天睡觉，夜里 12 点以后去网吧通宵，因为通宵上网一晚才 5 元钱。那时候可以上到第二天早上 8 点，我一直在研究别人是如何投入广告的，投放什么产品，什么关键词。

我研究了整整 20 多天，最后终于下定决心。那时候开户费 50 元，我把最后的 100 元钱全充进去，也就是还有 50 元钱的广告费，然后小心地开启广告。我刷一次后台，少了十几元钱，就 50 元啊，不到 20 分钟，全部“烧”完了。最后准备放弃时，有个人打电话进来。

那时候我做的是虚拟的减肥电子书，因为自己没钱没货，就整理了很多减肥的方法，做成电子书。销售 300 元钱，后来成交了。我就这样走上了网络这条路。

所以，任何时候，只要你肯对自己狠点，没有什么做不成功的。

现在的年轻人，好像都不缺钱，不像我们“80 后”都是苦过来的。但是大家想想，就算你父母是公务员又怎么样？你结婚买房，你好意思让父母掏钱吗？对吧？其实赚钱养活自己真心不难，只要你肯做，死磕自己，没有什么做不成功的。

虽然大家做与不做不关我的事，但既然是我讲的项目，我就希望能有点人去做。没办法，多年养成的习惯，就是希望自己做的任何事情，都要有个结果。看到大家不动，我心里比大家还急。虽然有点牢骚，但都是真心话。

10 那些迷茫，只是高度问题

很多事情，世间早有答案，你不知道，只是因为高度不够罢了。其实没有高度的人还是挺开心的，因为他们生活在一种无知的幸福中，对一切充满了希望，其实那也是个高度问题。

昨天小米粥（我的管理员）发了一篇文章，是大熊会内的一些聊天内容的集合。其实这样的聊天每天都存在，只是比较碎片化，而小米粥的价值就是在于他把它们整理好了。然后随便发出来，没想到效果非常好，大家都说“干货太多了，大开眼界”之类的，其实，只是你见的少罢了。这种东西是要多少有多少，知道这些东西的人的竞争对手，同样也是知道这些东西的人，其实帮助并没有那么大。

你觉得对你帮助很大，是因为你无知，如此而已。当然，严格地说，每个人在自己熟悉的领域之外都是无知的。

这个时候没有人过来问我大熊会价值几何了，这篇文章本身，也是无价的，因为都是做过的人的经验分享。做过的人的分享，和看的人的分享是完全不同的，至少很多干货内容，不能公开说——真相往往是血淋淋的，所以群聊其实是一个很好的方式。

曾经有一个人问我做微店类 App 怎么样，有没有前景。我跟他说，之前我们做类似产品时候，搞了一次活动，结果服务器就崩掉了，一晚上加了 100 台服务器，第二天还是崩掉了，然后继续加。先不说你有没有钱 100 台、100 台地加服务器，单说配置服务器，你有足够的技术团队和安全团队吗？

大家觉得开心和有希望，只是因为做得还小，在技术带宽服务器上还没有遇到瓶颈从而产生的盲目乐观罢了，真到 100 万人同时在线，1000 万人同时在线的时候，才是你头痛的时候，你赚的佣金可能连买带宽的钱都不够。所以，很多事情，虽然还没开始，但已经可以看到结局。你很高兴地充满信心，只是因为没到那个高度罢了。

所以低层次的人，永远不要盲目乐观，大公司的优势，不是你用眼睛可以看到的，你能看到的，只是你能理解的部分，而决定胜负的，是你看不到的部分。就好像你爬 100 米高的山，和爬喜马拉雅山需要的装备和技术是完全不同的。你爬了 100 米就沾沾自喜，觉得自己早晚可以登顶珠峰的时候，其实只是无知罢了。

每个崛起的人，背后都有无数的心酸和道理，而从表面上看，大概就是他忽悠了一下而已。真那么好忽悠，你也去试试啊。总的说来，还是高度的问题。

去大公司看一看，去和成功的人聊一聊，是非常有必要的，最好是和厉害的人一起工作。我在塞舌尔年会遇到过一个朋友，他把自己公司关掉去和韩寒一起创业。人的成就永远无法超越他的思维格局，其实就是如此。不过做事的时候，还是要从小事做起。千万不要盲目乐观，不要觉得你比那谁强多了，其实很多背后的努力和资源，是你看不到的。

11　付出和回报为何难成正比?

付出和回报一般来说可能成正比，但是这不是一个充分条件的比较。换句话说，刘翔训练很刻苦然后拿到了金牌，你能说努力就能拿奥运冠军吗？天赋的作用难道被狗吃了吗?

信息不对称是商业之本，如果信息都对称了，那么就是拼资源。谁资源多，谁就占有支配权，谁就可以调动更多的资源，从而迅速拉开差距。比如说，咱俩收入都是年入 100 万，有了 500 万后，你炒股我买房，后来你赔了 200 万，我房子涨了 500 万，咱俩的资产比就是 300：1000，然后我可以再去换价值 2000 万的房子，通过资产增值，甩开差距。

越小金额的赚钱，越不需要信息差，比如你想年入 10 万，随便做个劳动力，就没有问题。积累三四年，有了三四十万，就可以做一些投资。如果你想年入 100 万，那打工的可能就不大了，就要做一些比较流行的东西，比如说自媒体大号之类的。

如何发现信息不对称的机会呢? 非常简单，就是深入一个行业，了解它的本质，你又比别人聪明一点，你就可以找到这样的机会。比如说，我的一个粉丝，做一个行业，发现他们的一种原料，是另一个行业的废料，不用买，派车去拉就可以了。然后他就出个运费把废料拉出来卖给自己的公司。你猜会不会发财? 当然。这个机会我肯定抓不住，因为我不做这个行业。他的同事也没抓住，因为他们只做自己的行业，不出去看看这个世界。

12 学会克制

炒股的时候，要非常重视一点，就是踏准节奏。在牛市的时候持有，在熊市的时候退出。一般人往往很难把握住节奏，在股价上涨的时候不断地卖出，而在下跌的时候却不肯离场。所以说，新手死于追高，老手死于抄底，高手死于抢反弹。所以，在熊市的时候休息一下，才是最好的选择，这就是克制。

赚钱也是一样。一般来说，每一个风口都有它的周期。在之前的社会中，这个周期可能会比较长。一个行业的黄金期最少三五年，有的甚至 8 年、10 年；而在现在的社会中，机会的周期一般比较短，可能也就是两三年的时间，一个新的财富积累的机会就消失了。比如游戏，端游（客户端游戏，下载安装包在电脑上的游戏）的寿命有 5 年，魔兽世界可以做到 10 年，页游（网页游戏，又称 Web 游戏）的寿命可能就是一到两年，而手游（手机端游戏）的寿命，可能就 6 个月到一年。频次迭代在不断变快，这使得我们很难抓住每一个风口。

我从 2011 年开始做自媒体，2013 年发现了做微商的机会。提出了朋友圈可以做生意的想法，写了在朋友圈做美睫的 Nancy（南希）。那个时候，她刚开始创业，一个月的流水不过十几万元，一直到后来一个月的流水一二百万元，差不多在两三年内，就赚了两三千万元的财富。她在 2013 年的时候跟我说，肯定不会买北京的房子，因为实在是太贵了。但现在她在北京买的房子，房价已经超过了每平方米 10 万元。其实我们并不需要畏惧那些看上去困难的事情，比如高房价，你只需要在风口来临的时候持续努力，就有可能战胜命运和周期。

而另外一些人则告诉我们，在风口过去后，要选择休息离场，不要持续地投钱。我的一个大熊会会员，团队做得很大，月流水也是千万元以上的级别，在很短的时间内也积累了大量的财富，但是因为后续持续地投资，持续地投入自己不擅长的领域，连自己买的豪车帕纳梅拉都拿去抵账了。所以，尽管他抓住了一个风口，也享受到了红利，但最后没有一个好的结果。

其实对大部分人来说，没抓住风口也没关系，等下一个就是了。比如当年我发现网红这个机会的时候其实已经晚了，所以也就放弃了。发现"直播"的时候，觉得做直播也好像不太适合我，所以也没有认真去做。我抓住了自媒体和微商这两波红利，吃透了，然后就休息了。逐渐积累，等待下一个我能抓住的风口，比如社群电商。

很多人，在风来的时候就转型，一直在追着风跑，要知道追着风跑是不会被吹到天上去的，只有等风来吹你才有可能。所以说，等风来的那种克制，是一种非常重要的特质，只有你克制了，才不会被诱惑走上歪路。我的前一本书《格局逆袭》里面有一句话，很多读者特别有共鸣，我说"没有人因为贪小便宜而发财，却有人因为贪小便宜而倾家荡产"。为什么会这样？就是因为有的人在诱惑面前不够克制，他没有办法判断自己到底想得到什么，他觉得只要能赚钱，或者能有什么快的收益，他就不断地投入资源去做，往往最后偏离了自己的航向。

跟着人的欲望走，往往无法做到克制，最简单的例子就是某些新闻软件。有些新闻软件之前还不错，但现在你会发现，上面有很多标题党和垃圾新闻。为什么会这样？因为你喜欢看什么，它就给你推荐什么，完全根据人的欲望走。所以越浅薄的内容，越会得到大众的喜欢，越得到大众喜欢，它就越推荐，所以推荐到最后都是很浅薄的流行、猎奇的内容，而深刻的内容，因为看的人比较少，所以推荐的就比较少，慢慢就消失了。最终你会发现整个平台的内容价值很低，可以说完全没有深度。

但实际上推动世界进步的，往往是一小部分具有深度的东西，所以从这个角度讲，我们需要在诱惑面前学会克制。确认我们要追求的是什么，确认自己擅长的是什么，然后向着这个方向不断努力。比如说，我的擅长是做自己的品牌，我的目标是做自己的品牌，那么有利于我的品牌的事情我就多做，不利于我的品牌的事情，就算会赚更多的钱，我也不会花太大精力去做。

在现在的社会中，你会受很多信息的干扰，你会面临很多的诱惑，在这复杂的环境中，如果你没有办法坚持自己一开始的想法或者计划，逐渐跑偏到了一些可能会有立竿见影的收益，却会影响你长期发展的路上，最终你将一事无成。

所以说，学会克制，学会找到自己想要的东西，学会判断现在自己所处的阶段，在风口来的时候投入，在风口过去之后休息和积累，是我们最先要学习的东西。制定一个清晰的目标向前进并排除掉干扰项，是走向成功的必由之路。

13　多行动，少思考

现在知识经济比较火，其实本质上，还是一个为人们缓解焦虑的生意。社会发展得太快了，很多人跟不上节奏，看到自己身边的人纷纷逆袭了，自己还是老样子，就会比较着急。着急之后呢，也很有意思，大家就纷纷去学习，然而上了很多课之后，却发现自己更穷了。

靠读书确实是不能发财的，以前有人靠读书发财是因为读书的人少，所以你读了别人没读，你就占据了信息量上的优势，带来的另一个结果就是读书的人更容易做到好的岗位上，也更容易实现财富的积累。当大部分人读书了，都上网了，大家都掌握了大量的信息了，互联网消除了信息的不对称性了，这个时候你再想只靠读书发财，就很困难了。

有些人在读过很多书之后，往往会陷入空想而不去付诸行动。有人甚至读完书，听完别人讲书的录音，就觉得自己掌握了惊世秘诀，却不去练习，就好像周星驰《功夫》电影里面的如来神掌一样，还是只能在家幻想，这样的话你读再多的书也是没用的。读书不在多少，关键读后要付诸行动。

所以能改变你的不是看了某本书，也不是知道了社交资产或者社交变现，改变你的是如何开始行动。比如你看完了我写的关于社交资产的文章之后，就去坚持给别人点赞，逐渐积累自己的社交资产。或者加入一些爱好者群里，去为人解答问题，或者去参与义工之类的活动，从当下开始积累自己的社交资产，为今后的人生逆袭打基础。很多时候，变现不仅仅指金钱上的变现，你经常给老板点赞、评论，经常分享积极的内容并被老板看见，最后获得了升迁和重用，其实这也是变现的一种形式。或者说，你通过对“自身媒体”的运营，获得了企业认可，拿到一些广告和宣传的业务，这也算是变现的一种形式。只不过，我们认为大部分人可能还做不到成为一个 KOL（关键意见领袖），所以之前的社交资产讨论，更基础一些。一些做到顶尖自媒体或者行业领袖级别的人，不在我们的讨论范畴之内。一直以来，我们关注的更多的是普通人的逆袭之路，是每个普通人都可以做到的，至少是可以改善自己人生的方法。

所以总体来看，大家已经从各渠道上学到了很多知识，但都是碎片化的，无法形成系统和独有的价值体系的。原因也很简单，就是你没有实践过，所以不知道什么是对的。我们经常听其他人讲了很多道理，但是只有自己走过这些路，才能知道哪些是适合自己的道理。有些人很有名，很有成绩，但他说的未必适合你，甚至有时候，只是因为比你长得好看，就能获得更多机会，而非靠简单的努力。

晚上想想千条路，明早起来卖豆腐。这大概是很多人的写照，有些人很认真地在学习，但是完全没有实践。但是如果立刻去创业，又下不了决心，也可能不会有什么好下场。所以，社交还是给了大家一个新的选择，在工作的时候积累自己的社交资产，到了一定程度之后，再去单干。这时候你的积累到位了，自然也就事半功倍了。这比你业余时间学习要有价值的多，因为这个社会，是人的社会，是社交的社会，不是知识的社会，你和越多的人有关系，你就能让越多的人支持你，你就可以获得更多的信息和资源。

能看这本书的人，首先有一颗学习的心，也有学习的热忱，但我希望你看完这本书之后，就放下它，立刻开始行动，迈出积累社交资产的第一步，制订计划，在三年内改变自己的生活和人生。而不要继续沉溺在学习之中，缓解自己的焦虑了。

14　本事和平台

曾经听到一个人感慨，说互联网多么能创造奇迹，出现了无数"90 后"的 CEO（首席执行官）或者高管。但我也有听说，很多人因为没有达到别人的预期而无奈离开。所以我经常会用股市的一句话说这个事情：炒股不是看你赚得有多多，而是看你活得有多长。人生也是一样，高薪不是问题，问题是你能拿多久。这也就是跳槽面临的最重要的风险之一，你在这里拿着一定的薪水，做着熟悉的工作，如果有人高薪挖你，估计你难免心动。但你也要考虑到，人家高薪挖你，自然对你有预期，如果你无法达到这个预期呢？如果你不做这个了，你还能回到原来的起点吗？

很多人觉得是自己有本事，其实大部分情况下，只是你适合了这个平台，如果换一个平台，你的收入不见得会有什么提升，甚至还拿不到原来这个数字。所以千万不要把自己一时的成功看作本事，大部分还是因为平台。这一点在外企尤为明显，你会发现像李开复、唐骏这样的外企高管都纷纷走向了国企或者创业，为什么？因为外企就是一部机器，盖茨走了微软也一样运转，乔布斯去世了苹果挨骂但也一样赚钱。等你年纪大了，体力差了，干得少了又很贵的时候，自然而然也就面临着被淘汰的风险。但中国企业则有很大不同，大部分中国企业还是强人政治，换个老板立刻一盘散沙，这是因为中国企业和员工的职业化程度低。这也是中国企业的一个很大的特点。

所以说，企业可能偶尔“瞎眼”给了你高薪，但如果你做不到，后面的事情就会很难堪。比如说团购最火爆的时候，企业用三倍薪水挖人，没有几个月，纷纷就将挖来的人扫地出门。这些人回到原来的薪水水平自己心里有落差，但同样水平的薪水又拿不到了，于是就很尴尬。所以记得，别觉得自己有多强，可能是时机，也可能是平台暂时抬高了你的价格，随着时间的推移，价格终究会回归价值。

有朋友想去创业，希望收入多一点，但是现在在体制内也混得不错，年收入 40 万元左右。我们大概算一下，40 万元的收入，企业差不多要支付 60 万元的成本，而假如我们去创业，要赚到 60 万元大概要做到差不多 600 万元的营业额，暴利行业少一点，也至少要 200 万元以上。

这才是刚刚持平而已，如果你希望收入有一个倍增，至少要千万元级别的销售额。创业多久可以月销售额达到百万元呢？如果不算这个账，你是无法体会平台给自己的价值的。尤其是不需要你付出工作以外的时间、按时发钱、不用考虑给别人发工资，以及种种得到与付出，最好还是衡量一下再去。毕竟有时候，很多人希望和你一起创业，是看重你的资源，而你的资源实际上是平台给你的，一旦你离开这个平台，就会发生很大的变化。比如说一些媒体人，在媒体工作的时候可以呼风唤雨，到处被人供着，自己离职创业以后，以前的“孙子”突然都变成“爷爷”了，有人还会有一些不理解。之前有个明白的《人民日报》的老新闻人曾跟我说，其实我也没什么，大家看重的还是《人民日报》这个牌子。

当然，平台牛气一般人的本事也差不到哪里去，我的意思是说，你没有自己想的那么能耐罢了。平台是个放大器，也是个助推剂，真靠自己混时，很多人还是很难达到之前的高度的，毕竟你自己原地起跳和你站在楼顶起跳，是有很大差距的。所以做自媒体最好的办法，还是被“招安”，换个平台去试试自己的斤两。

而没有本事的找个好平台，也能事半功倍。

千万别觉得自己有太大的本事，这也是为什么大熊老师自诩业内最好合作的文化人之一。别人捧你，你是大熊老师；别人不理你，你什么都不是。这个社会有互相吹捧的土壤，互相抬一抬双方都有高度，A 说大熊老师真是厉害，我就要说，这都是跟 A 学的。一些文人的矫情，最后一定是失道者寡助。古语云：文无第一，武无第二。能写好文章的人有的是，别人推你，你才有价值，别人不推你，你依旧什么都不是。我曾看到某自媒体“大仙”开始走上了专访的老路，再也无法孤芳自赏了，依旧还是要被别人利用才有价值。

所以不怕被人利用，就怕没人用。

很喜欢电影《2012》里面那个被淹没的小庙，为什么要拍它？因为它在青藏高原的高山上，庙虽然不大，但是平台高啊……

15 四年前的三个预判

2014 年年初我曾写过一篇文章，里面有三个预判：1. 服务收费的价值会大幅提升；2. 朋友圈营销存在巨大机会；3. 个人品牌价值越来越大。

现在服务收费不用说了，你会觉得越来越贵，2016 年年底因为环保的问题，广州很多厂子都停了，如果你后续装修的话，可能装修费用成本比之前再涨 50%，所以说现在花钱就是省钱。

朋友圈营销存在巨大机会，那个时候还是叫朋友圈营销，后来才开始说微商。这个领域风起云涌，也不细说了，不过抓住机会逆袭成功的人还是蛮多的。

2014 年我建立大熊会社群，持续做营销分享，做微信公众平台和自媒体，工作主要还是在移动互联网和手游上。当年做手游的发了大财，现在可能差一些了，不过巨头还是非常赚钱。公众平台、微博这两年做起来的，收入也挺可观。这两个是我一直做的，虽然说没有带来太多直接收入，但是带来很多资源关系和行业地位，对我帮助非常大。

“让每个人都有自己的生意，让有生意的人赚得更多”，这是我当年创立大熊会的目标，我希望帮助每个人建立自己的商业模式，至今也是。我现在的创业方向也是如此：我整合供应链和资源，提供从品牌宣传到生产到销售一系列的全套服务给社群或者其他营销团队，你只要花大概二三十万元就可以出一款产品。我们连品牌都可以帮你搞定，甚至提供物流服务。

提升个人品牌才是真的价值。我从 2014 年起一直致力于一件事情，就是提升自己的品牌，永远和比自己牛很多的人在一起，包括互联网大佬。通过帮他们去宣传，提升我的关系和资源，却没有沉浸在我本身的社群之中或者那时候火爆的微商生意之中。这也使得我一直保持正向的增长。

不过，很多人很奇怪地跟我说：大熊你看，你从 2014 年开始搞微商，当时旗下那么多人，某某当年比你差很多，现在做微商一个月做几百万流水，你觉得后悔吗？我说我不后悔，赚钱是一辈子的事情，不要急于一时高低。我只要一直增长就肯定会越来越好，而微商这个行业，没有稳定一说，都是大起大落的，这并不是我追求的方向和目标。

我一直说，既然我的方向是品牌，目标是建立自己的品牌知名度和行业话语权，那么一切影响你目标的东西，就算赚钱也不要做。为什么？因为钱这个东西是消耗信任的，我积攒的信任，会变成一个付费活动，培训也好，听课也好，但如果没有回报，下次大家就不来了。

所以很多人不理解这一点，他们总是觉得，什么赚钱做什么。比如我之前做某产品，挺赚钱的，冬天我换一个产品，夏天我换一个产品。你会发现，每换一次流失一批客户，最后你做下不去了。不是什么钱你都要赚的，你要定好方向，然后朝这个方向去努力，积攒两年到三年，一般都会有大变化。

但是你说我本来是个做养生的，我回头做保健了，又去做服装了，又去做母婴了，又去卖尿布了，可能每一次都会赶上一点小风口，赚到一点小钱，但是你最后会发现，你这个人乱掉了，在别人心目当中，不知道你是什么样的形象。一个人天天讲这是个大机会、大蓝海，然后天天换产品，别人也看到你经常变来变去，对你这个人就会产生疑惑：你到底是做什么的？这样还能有信任吗？这样的话品牌还能建设起来吗？

我有一个会员，特别牛，他有价值 40 亿元的黄花梨家具，国家开展览都要问他借家具。有一次他跟我聊天，就说起来家具的事情。他说如果你很早之前就看准这个方向并进行投资，那个时候买黄花梨才 3000 元钱一吨，用不多的钱可以买四五吨黄花梨，现在 5000 万元一吨。他当时就是做木材的，做着做着木材越来越贵，所以就改做家具了，做到最后就是孤品了。他曾经提到一个条案，差不多两米半长，价值 400 多万元，如果能再宽 10 厘米就是茶几了，那样价格又会涨 200 万元左右。条案还是茶几，价格的差距就这么大。

所以说，有时候，你觉得这个方向是对的，就这么坚持下来。最后如果对了，就比去追逐一些热点要好很多。当然，现在看这三个预判依旧成立，可能一些细节会发生变化，但是移动互联网的大方向是不会变的：服务收费体现的是消费升级的趋势，朋友圈营销其实就是社交电商，品牌建设就是做自媒体或者社群。不管名字怎么变化，方法或者平台怎么变化，大趋势目前还是比较稳定的。

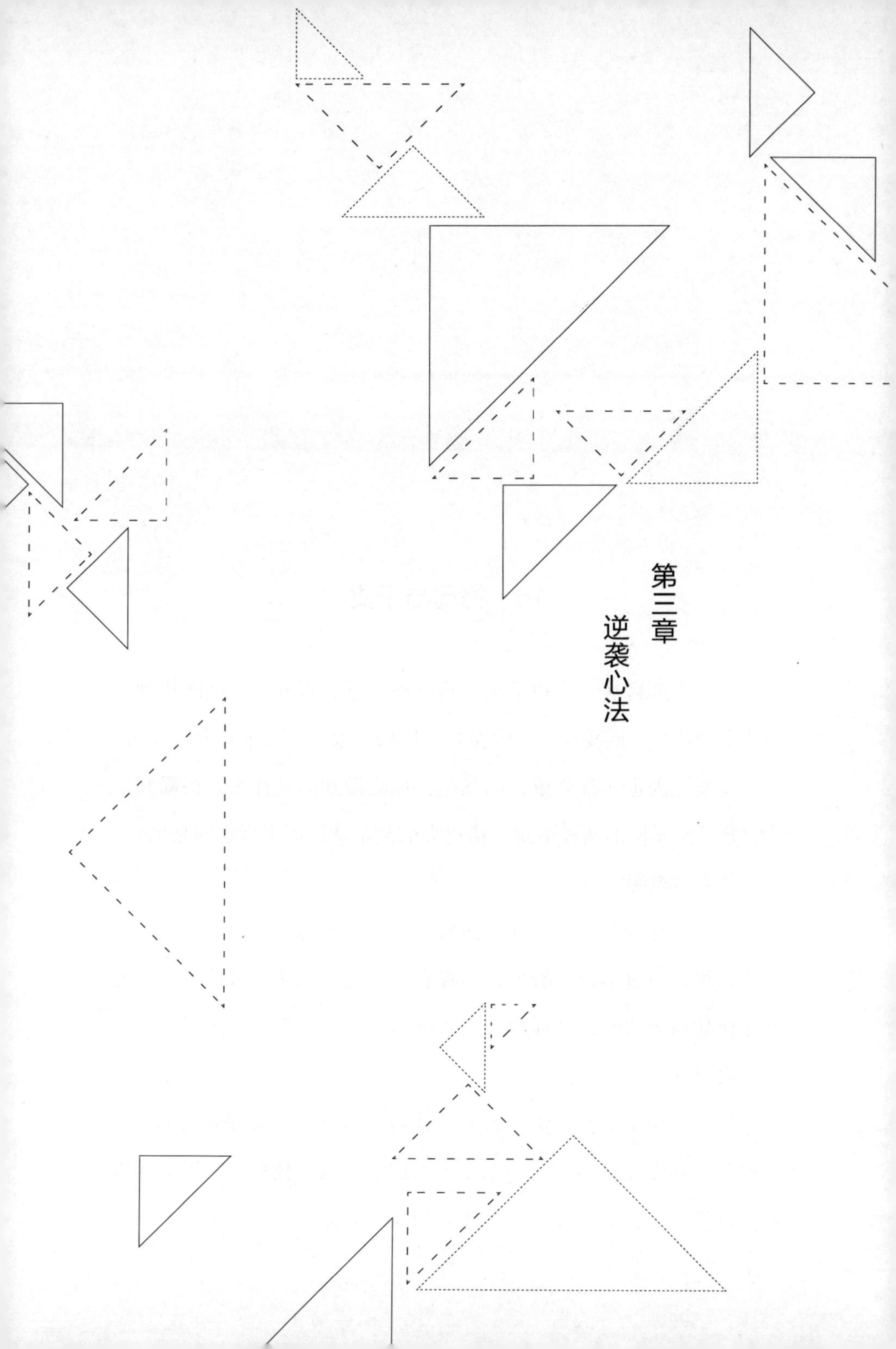

第三章 逆袭心法

16　格局与干货

很多人都喜欢去寻找干货，到处找文章、听分享，试图找到一条致富的捷径。而我这个人则喜欢谈格局，很多人却不知道为什么。

其实原因也非常简单，那就是，你能做到的是什么？格局和干货，是截然不同的两种道路，格局靠的是坚持，而干货靠的是极致。

什么意思呢？

格局是你看问题的高度，如果你有了一定的高度，大方向是正确的，那么通过不懈的努力，早晚有一天能够到达或者接近你的终点。比如西天取经，师徒四人一直坚持西行，克服艰难险阻，最后终于取得真经。

那什么叫干货？干货其实就是技巧。但技巧是大部分人都可以掌握的，然而显然不存在一个使人人都赚大钱的技巧。所以如果你想通过学习干货来赚钱，就要把干货学到极致。

比如之前我们说过在QQ群发广告的项目，非常简单，就在QQ群里发广告就可以了。只不过操作者每天要在上万个群里群发广告，这样也能实现几十万元的年收入。但是你要不断地加群，用数百个QQ号，加数万个群，每天从事着繁重的重复劳动。所以，就算你知道群发广告可以赚钱，但是没有办法加到这么多群，或者没有办法群发这么多广告的话，你肯定也是赚不到钱的。这就好像孙悟空，可以一个跟头就翻到西天，但首先他要是个天赋神力的石猴，其次要遇到仙人传授他法术，这恐怕是极少人能做到的了。

所以很多人经常忽略这一点，他们总希望有一些技巧，有一些干货，或者有一些方法，他学会了，立刻就翻身赚大钱。现实中并不是这样的，想靠一招先打遍天下，往往是不可能的。

但是格局就不同，格局充分考虑了人和人之间的差距。我曾经说过，你可以没有背景，你也可以没有天分，但是只要你知道一条正确的道路，坚持向前走，总有一天能够遇到风口。比如我们认为，社交电商是一个方向，那么我们就坚持去做；比如我们认为，内容创业是一个方向，我们就坚持去写。经过长时间的坚持，比如两年、三年，自媒体的风口来了，短视频的风口来了，直播的风口来了，那么这些坚持做社交电商的人，坚持做内容创业的人，就有了一个很好的起点，也会有很好的变现方式。他们也许不是最有才华的人，也不见得是文章写得最好的人，但是因为他们坚持在写，长期积累了自己的粉丝和社交关系，那么在商业化时代到来之后，变现也就是一个顺理成章的事情。如果你这个时候再去跟进，再去追随，那么恐怕付出更多的努力，具有更多的才华，也未必能获得相应的结果。所以在我的认知中，一般人是很难把一件事情做到极致的。因为如果他能把这件事情做到极致，他也就不普通了，这是个辩证的事情。

而我们强调格局的原因正是，如果你没有办法把事情做到极致，那你就选定一个方向去坚持。通过你的坚持，不见得说能达到多高的高度，但是你可以甩开那些中途放弃的人。事实上，做到极致的人很少，坚持到底的人也就更少了。在我们看来，很多时候，天才是很难逾越的，比如姚明，比如刘翔，你再努力也不可能达到他们的水平。

但是普通人的成果，是可以学习的，比如坚持做一件事情，可能你达不到巅峰，但总可以改变自己的生活。这有点像一万小时定律，只要你坚持在一个领域努力一万小时，那么你就会成为这个领域的专家。

其实，这样的例子有很多，最近这两年因为移动互联网风口逆袭的人很多，比如手机游戏。在智能手机时代到来之前，做手机游戏的人是非常辛苦的，只能靠短信 sp（运营商代收的费用）赚点钱，还总被监管和抵制。但智能手机到来之后，坚持下来的人大都赚得盆满钵满。

对于普通人而言，应该清晰地判断自己的长处和能力，你到底是能把一件事情做到极致，还是能够坚持一件事情到更久。我相信对于大部分人来说，格局可能会更容易一些。

因为如果拼的是耐力，中间还可以偷懒，只要别放弃就可以，几乎人人都有可能做到。干货则有更多天赋的东西，比如你无论怎么努力都长不到姚明那么高。

那么多人喜欢去苦苦寻找干货，还寻找了这么久，可能也找到了很多干货，但获得了这么多干货之后，自己的生活却没有发生什么改变，难道不该去想一下是为什么吗？

17 为什么你要用三年时间逆袭？

看到一个传销的拆分盘被查了，之前朋友圈一个小伙子，做了半年，刚得了一辆玛莎拉蒂，现在只能去配合调查了。后面的事情，恐怕就很难预测了，年轻的人生可能就要面临一次重大的转折。我曾经说过，有些钱可能会让人连身家性命都要搭进去，立刻就应验了。所以，人生并不是看你赚得多不多，而是看你赚得长不长。

三年前开始做微商的，发财的很多；现在还在做微商的，大概不到四成；四成里面还能赚到那么多的，可能不到一成。绝大部分人已经放弃了，还有一部分人只是不舍得放弃，不舍得放弃的人中大部分还在消耗自己之前的积累。新兴的团队还是在不断地下沉之中，从县城到乡村，故事还在不断地重复。我相信，之前人经历的，他们会再经历一遍，可能还会更惨一些。因为随着市场的下沉，用户的非理性程度会有所提升。

我之前说过，我不去做培训讲师的原因是因为二十年前我就看到很多讲成功学的人，到今天都穷困潦倒。我觉得这应该不是一个好活儿，我和大部分人不一样的地方是，我从不认为我是一个例外，别人做不到的，我应该也做不到。别人做到的，我去模仿一下，大概能打个折扣做到。你说，我能不能一下子逆天超越了凡人？这个事情有两种可能：一种是，你要能逆天你早逆了；一种是，你确实逆天了，但是很快就会吐回去。就好像本节一开始说到的那个年轻人。

为什么大熊会的会训是“慢慢来，比较快”，就是这个道理。这个世界不缺快的东西，只不过跑得快，死得也快。只有慢慢走，虽然慢一点，但最后当你路过跑得快的人的尸体的时候，你可以小心地绕开那个陷阱。很多人不懂这个道理，每次都要搞个大新闻，最后恨不能只要买个代理，就能成为百万富翁了。真这么好赚，我自己全家去卖得了，还招什么代理啊？

所以，我提出来的说法是，三年逆袭。

之前有会员跟我说，他做过一个核桃品牌，但是因为创始人太看重利润不管质量，很伤人脉，也就没有做了，那个品牌最后也就黄了。不少人转做了我的黑糖，虽然一样利润不高，但是因为质量不错，所以赢得了很多用户的信赖，以后再卖什么产品都比较不错。我只能说，这就对了。卖黑糖的团队，转型做什么都还是比较顺利的，因为也许黑糖不赚钱，但是赚口碑，以后总有机会赚钱。而如果不太注重质量，就算当时赚了一些钱，这些人之后也不会跟你干了，这笔钱完事，你想要再来一笔，就比较困难了。老客户留不住，你指望总去忽悠新人，那就太累了。而最重要的是，你的品牌没有积累，三年后不但无法逆袭，恐怕还要被人人喊打，等于是用自己的未来在套现。

三年的第一年一般用来打基础，第二年用来建立优势，第三年就开始收获，第四年就要准备转型。当然，在第三年的时候，也要有一些新的布局。虽然很多人不爽为什么我写文章的时候总是把自己写得很正确，其实我只是陈述事实而已：我在 2011 年前开始写稿子；2012 年就因为写得不错跨行进入了互联网上市公司，主要做了移动端产品的营销宣传；2013 年自媒体爆发我开始享受从 2011 年起积累的成果，在 2013 年我又发现了朋友圈营销的机会；2014 年微商爆发，我没做微商，但是去布局了社群；2015 年我借势做了两个微商品牌，自媒体依旧蓬勃发展，同时我还做了一家科技营销公司，这家公司的成绩源于我 2012 年之后工作积累的资源；2016 年，我把自媒体、社群、微商团队和科技公司打包做了轻虹社群电商，同时也拿到了投资，这笔投资源于投资人对我那家科技营销公司经营的认可，而非微商或者自媒体，因为那起码证明了我有做公司的能力。2015 年我还出了本书，卖了 10 万多册，也引来了很多读者会员，现在你看到的正是第二本。

所以我的每一步飞跃，都是前面走了一两年的结果，用两年积累去搏一件事情，其实成功的概率还是挺高的。这和头脑一热去创业，是完全不同的。

很多人不知道为什么我总能招到那么多会员，卖货建团队也还做得不错，其实原因也很简单，并不是因为我会忽悠，而是因为，很多人从 2011 年就开始看我写的文章，看我写的微博，看我做的事情，看了差不多五年了，基本每件事都成了，那你还要犹豫多久呢？连小米五年之后销量都下滑了，我还在高速成长之中。坦白说，我先不说你是不是比我有才华，也不说你是不是比我还努力，单单这份预判和布局，你又能做到多少？

2017 年我就 35 岁了，你又比我年轻多少？急什么呢？

慢慢来，比较快，希望下一个三年，你会逆袭。

18　时间可能是你唯一的投资物

我们从小就被老师教育说，时间是最宝贵的，但是，这种教育方式有很大的缺陷，那就是没把时间如何宝贵说清楚。而且事实上，大部分人的时间是不值钱的，所以大家虽然知道时间很宝贵，但理解起来大都和生命很宝贵等同起来了。有些人活着实在是很无聊的，很多的时候去忙着赚钱，可赚了钱又不过为消磨时间。

这就是典型的理论和事实不符造成的后果。一天有 24 个小时，假如你工作 8 个小时，一周就工作 40 个小时，一个月工作 160 个小时已经算不错的了，此外可能还要加班。假如说你的月薪是 9000 元，那么你一个小时大概值 50 元钱；如果你月薪是 1.8 万元，那么你一小时大概值 100 元钱。我相信大部分人还是无法达到这个收入水平的。所以，算下来，一个小时只值一二十元钱这个层次的人会比较多。你跟这些人说，时间是宝贵的，他们中的大多数人是无法体会的，自然也不会有感觉。

这到底错在哪儿呢？经过多次的争论我终于发现了问题所在。我们把时间当作交换物的时候，它是不值钱的；真正值钱的时间，是被当作投资存在的。我曾经去参加“靠我”软件的活动，这个软件是一个销售名人时间的平台。比如和名人通个电话一分钟多少钱，见面吃饭多少钱。之前也有人在做类似的事情，也有邀请我的，但是我都没有积极参与。他们的极限往往是吃顿饭一个半小时大概收 1000 元钱，这是低于我的时间成本的。如果在这段时间里我无法获得其他收益而只是去教导别人的话，我是赔钱的。但换个思路，如果我是跟层次更高的人吃饭的话，可能我没有收钱，但是我可能会获得很大的提升或者接到很大的订单，那么这种情况下，我的时间投入就是值得的。我更愿意投入时间去做这样有利于自己成长的事情。

普通人往往没有足够的钱，有的只有时间。如果你把时间当作财产去变现，那么我相信你的生活一定是比较拮据的。而很多需要你投入时间的事业，在短时间内是看不到回报的，那么就是一种投资。比如我花时间去写稿子，以前可能是不赚钱的，但是这篇稿子发出去后，我有可能获得几个粉丝，然后会积累我的影响力，会增加合作的可能和机会。当我投入了大量时间在这上面之后，一年几百篇稿子的产出，最后得到了回报，成了“大咖[①]”“大 V”（微博意见领袖），回报就高了很多。其实这其中的逻辑就是格局逆袭。大部分人的能力都是很“渣”的，和天才是没有办法比较的，而普通人的资源和各种“二代”也是没法比较的，那你有的只是时间。我花几年时间才可能达到他一年时间就能够达到的水平，但我这几年积累的经验和资源是别人没有办法跨越的。所以，就算我水平不

① 大咖，指重要人物，咖，闽南方言谐音而来，是“角”的意思。——编者注

如你，我也可以用其他办法超过你，这就是为什么很多觉得自己有才华的人反而最后竞争失败的原因。普通人如果想逆袭，不靠时间的积累是毫无办法的。怕就怕你的时间只是花了，但是没有形成积累，比如你只知道朝九晚五地上班拿工资，下班就玩游戏、看韩剧，一旦体力不行了，你的时间也就开始贬值，只会越混越惨。

其实我写这篇文章的时候，心还是很痛的，尽管我通过之前的时间投入和积累，抓住了自媒体、社群、微商等多个风口，但是终究还是错过了“网红”这一波。大概原因也是在风口上比较自满，就没有更认真地去关注行业的变化，尽管我并没有放下微博运营，但也确实失去了很好的机会。

现在看来，社群可能是目前为数不多还能抓住的风口了。而我在社群上的竞争力，主要是靠运营大熊会积累了三年的经验，有忠实的会员，可以团结一致。前几年的机会是给草根的，如果你没有认真做好社群，那么现在已经没有机会了。我和杨澜女士合作的“天下女人”高端社群，没成立几个月，就拿到了融资。我后来又和央视著名主持人刘芳菲沟通了几次，计划做一个社群去做一些公益的事情。当这些社会名流和大咖都开始做社群的时候，你再去和他们拼影响力和号召力，那真是以卵击石，完全没有成功的可能。

当我在做微博红包充值时，很多人觉得充那么多钱没什么意义。我还是用自己的经验告诉他们，我之前做了三年微博，差不多只有 20 多万名粉丝，已经算做得不错的了。2016 年春节，我的社群给我充值超过 30 万元之后，我一下子就有了 70 多万名粉丝，等于买回了我数年的时间。2017 年，我带着社群粉丝重新开始做微博矩阵，就靠充值红包建立基础粉丝，然后组团转发，几天之内，就平均把每个人的粉丝做到了1万，接下来的时间，还会有爆发性的增长。尽管很多人刚开始玩微博，但是通过花钱买时间，也算是追上了很多人多年的努力。

所以，为什么说时间很宝贵？因为它是普通人唯一的投资物，抓住良好的投资机会，才有可能实现逆袭。而对于有钱人来说，他们已经掌握了大量的资源，他们花钱就可以买到时间，虽然后发，但也很容易先至。在才华和努力程度都不如人家的时候，如果你还不如人家有钱，那你在这种竞争中简直毫无胜算可言。

19 成功就是别人睡着的时候，你醒着

我的社群最早提出来的口号就是，听话、照做、执行。但是真正听话、照做、执行的人不太多。会员蝴蝶就是最听话、照做、执行的，2016年年初她来找我，说不知道该干什么。我说不知道干什么就买房子吧，结果房价涨了很多。

2016年听我的话买房子的都赚了，北京的一套总价1000万元的房子差不多涨到1600万元了。我买了这套房子，你没买，其他咱俩都一样，但财富差距就有600万元。有人有买房资格，有人没有买房资格，财富差距也一下子拉开了。所以说选择很重要。很多人买房只不过是不知道干什么，或者找了个条件好的配偶，一下子就超出了聪明的、到处折腾的人很多。不仅仅是资产的差别，更重要的是你在行业当中的位置。比如，今天来了一个年轻朋友，他一个

月赚 5000 元钱，我跟他比就没有意义，但如果我们是同行，这就是有意义的。强者恒强，因为你越强就越有钱，越有钱就越有资源，越有资源就越有影响力，越有影响力，你就越强。有的人业务多得接不过来，业务不好的人就越来越不好。如果你业务很好，然后你很骄傲地歇了一段时间，可能立刻就被没有停下来的人超越了。这就是为什么不能停，因为你一停下来，再也回不到你之前的位置上了。

所以，别人睡着的时候，你必须醒着。

这是我新浪财经的一个朋友说的一句话。他说，为什么新浪财经能做到行业第一？就是因为别人睡觉的时候，我们醒着。新闻比别人快 1 分钟就可以了。各大新闻网站更新争抢首发，比别人快 1 分钟就实现了。这样你总是能够比其他人快 1 分钟，大家就不用上别的网站，光看你就可以了。就这么简单的道理。新闻大同小异，你发现有人快，有人慢，有的原创多，有的原创少，有的够深度，有的没深度，有的采访好看，有的采访不好看，你看习惯了就只会在一个最好、最快的地方看。赢就这么简单。

但简单不等于容易，例如会员 S 君做的“成长会”社群，每天早上早起做读书会，谁受得了？每个人擅长的东西不一样，根据自身的情况，把看似简单的事情做好，你就赢了。

20 如何工作一年获得三年的经验

我看到有人写文章分析，为何有些人工作一年可以获得十年的经验，我觉得这有些夸张。在我看来，工作一年获得三年的经验是有可能的，十年，可能就很难。因为工作十年肯定就要上升到产生直觉的层面了，并不是单靠经验就可以达到的。这个有点“卖油翁”的意思，“无他，手熟尔”。

经验是可以通过练习得来的，而水平还要掺杂天赋和悟性，这些无法量化，所以我们只能谈经验。如何工作一年获得三年的经验，我觉得是可以完全忽略天赋实现的。从我自身来说，从事的行业也跨了很多，所以在经验速成方面，还是非常有经验的。现在大家都认为我就是一个互联网人，但很多人都不知道，我之前还从事过工程、地产、矿产和投资行业。在刚进入互联网行业的时候，HR（人力资源主管）完全看不懂我的简历：我上过矿山，去过工地，既曾和开大车运输的司机同出同入，也在商学院和企业家学员谈笑风生。那是一段很复杂的经历，好处是，它帮助我理解了很多行业的逻辑，并串联起来；坏处则是，你很难在某一个领域积累成为顶级的专家。所以我一直说，如果你不能在一个行业做到顶尖，那就在很多行业做到一流好了。比较幸运的是，我最终还是进入了自己有天赋的营销品牌公关领域，也算在行业内做到了顶尖。

三倍的经验来自三倍的时间

如何才能够工作一年获得三年的经验呢？其实最简单的办法即加班。一般人一天工作 8 个小时，集中精力可能也就是四五个小时，剩下的时间在放空。如果你能做到每天工作 12 个小时，基本工作一年就能获得三年的工作经验。这个观点似乎很“无厘头”，但实际上，这真是你可以选择的一个最简单的办法了。感谢那个时候，我是独身一人，甚至都没有成立自己的团队，除了工作我心无旁骛。在我组建了团队和有了家庭之后，工作效率显然下滑，因为你开始有所依赖和寄托。只是因为我之前打下了深厚的基础，之后才能游刃有余。

用心摸索工作的本质

很多人都会告诉你工作要用心，事实上，很多人把努力当作用心，但他仅仅是努力。这也是为什么有些人工作十年只不过是把一年的经验用了十年而已。他并不会思考工作内容的本质和逻辑，只是单纯地去执行，这样是不会有成长的。如何抓住工作的本质呢？其实这和企业的商业模式是一样的，非常简单的三个字：人、财、物。人怎么调配？资金怎么流动？物质怎么管理？你把这三个问题搞清楚了，基本就摸到了工作的本质，既可以看清楚企业的本质，又可以看清楚商业模式的本质。不管你在什么行业，也不管你从事什么样的工作，搞清楚这几个问题之后，你就可以发现，你所有的工作、公司所有的决策，包括各种方向制定、业务开展，全部是围绕这三个问题展开的。弄懂这三个问题之后，你就可算是了解了这个行业。这和时间真的没有关系，和悟性和细心程度有很大关系。

大量的工作和练习

前面讲了三倍的时间，相应的，你要填满这多出来的部分，其实就是你多赚的经验。我能够高速成长的原因和我所在的企业也有关系。从工作开始，我所负责的产品的对手就是百度、腾讯、小米这样的巨头，以及猎豹、搜狗这样的“跟班”。基本不会有太空闲的时候，我必须随时面对其中一家或者几家联合的攻势。这种巨大的压力，会激发人的潜力，也会增加很多的经验，因为形势紧迫，你根本没有时间思考，而之前有经验的同事也会和你分享标准的应对方案。当你形成习惯，你对一件事的反应几乎就是直觉式的。也就是我前面说的，你工作十年才会养成的那种东西，我称之为“公关感觉”，就是一看就知道问题出在哪里或者该怎么干，然后再细化问题并提出更好的解决方案。

不过这里需要说的一点是，在同级别的竞争中，技巧的意义是比较小的，资源和渠道是第一位的。投机取巧的事情只存在于“由高打低”之中，这也是为什么我说很多人夸夸其谈技巧的时候，其实是透露出了经验的缺乏。别人靠资源直接挤压你，比如某公司的全网屏蔽，你的技巧和文案直接就是零价值，因为你根本发不出来。

不过当你的技巧积累到一定程度时，又可以在与对手拥有同等资源的条件下左右战局。我之前做到了一点就是打谁谁回应，说明我打的点很准确。2016 年腾讯游戏平台的三次声明大概都和我有关，还有一句话打得腾讯某高管暴跳如雷，找到新浪高层拍桌子。至于某巨头多名高管连续致电大骂媒体删稿、某总发朋友圈外加在微博骂街、方舟子回应从没听过某某人、友商登门道歉、无赖及时退款之类的就比比皆是了。这也是为什么我当年写“雕爷牛腩”，雕爷写文回应后一群人很激动我却无感的原因，实在是习以为常，意料之中。某网市场部的某某曾表示他们 2014 年轻松了一些，我说那是因为我换部门负责游戏去了，腾讯的压力肯定大了。

这种高密度、高频次、多对手的竞争给人带来的成长是特别快的，因为你也可以从他们身上学到很多东西，然后再去用在其他人身上。我的下属经历过半年到一年的工作后，基本也都成行业的老手了。我出来创业后，这些人基本都被某公司以近乎翻倍的薪水挖走了。所以千万不要抱怨工作辛苦，你辛苦一阵子，后面就会舒服很多。

成交思维

写文章的人很多，写出来的不多，我算是写出来的人之一。为什么？并不是我文笔多好，而是大家都是分析师和观察员，我则是在实际操作的人。很多人经常说我很忠心，出来以后还给公司站台，其实我是给自己站台，因为那都是我做的事情。所谓成交思维就是一切都是基于成交的，你能做出成绩和结果。比如你抨击谁或者分析谁，他回应了，说明这是有效的结果。如果石沉大海了，其实就等于没有成交，说明这种操作可能就是错的。你做营销了，然后销量上去了，这是成交，不然你去谈什么文案、营销技巧都是瞎扯。

很多人都说是集体的功劳，但实际上个人能力至关重要。集体代表了整体的水准，而精英代表了高度。同样的产品，几家公司都在出，你卖得最多，说明你营销做得最好。不要虚妄地去比较深配置、文案或者定位等，功夫就是一横一竖，对的站着，错的躺下。就好像随身 Wi-Fi，百度、腾讯、小米都有，但它们卖得都不及 360 的零头，技术资源差很多吗？并没有。

后来我负责推广 360 儿童手表的时候，一样卖得很好，一个月也是几千万元的销售额。但运气不会接二连三。我创业以后做产品，在没有任何大平台和资源支持的情况下，四个多月也卖了两千多万元的销售额。我非常认可史玉柱说的那句话，“人才就是你交给他一件事情，他做成了，然后你又交给他一件事情，他又做成了”。天时、地利、人和、经验、运气、实力都很重要，而在这背后，就是成交，只有成交才算数，不然做得再好，也没什么用。你记住每次成交的经验，忘记每次不成交的经验，记住成功的感觉，直到养成成功的直觉，你工作一年就能顶别人三年了。

30 岁之前，要靠努力和拼搏积累；30 岁之后，其实就是靠资源弱肉强食。所以 30 岁之前不要过得太舒服，尤其是在自己还没什么天赋的情况下，跟对人、做对事、拼对命就显得尤其重要。

这篇文章也是我这几年工作经验增长的一个真实分享，希望对大家有帮助，也希望一些人看到不要生气。

21 阻碍普通人逆袭的六大死穴

见过很多人成功，也见过更多人失败，所以我是可以言简意赅地说出阻碍普通人逆袭的死穴的。这些天然的心理缺陷，导致了大部分人的失败。我在这里总结一下，供大家自查。

认为自己不是普通人的“蜜汁自信”

以前大家都觉得人才是十里挑一的，现在认为自己是普通人的人才是十里挑一。剩下六七成的人认为自己是人才，还有二三成的人认为自己是天才。“人才、天才”的迹象有很多，比如很小的时候就认识很多字，小时候不怎么复习就能考高分。其实，这样的人大部分只是平庸，只不过他用来跟自己比较的人是十分愚蠢罢了。随着初中、高中、重点大学一路上去，之前的小地方上的“天才”就越来越逊色。而真正走到塔尖的“天才”，毕业之后发现，自己原来什么也不是。这实在是普通人逆袭的第一死穴，就是觉得自己不普通。当所有人都觉得自己不普通的时候，那么大家就都是普通人了。所以，在任何时候都觉得自己是个普通人的人，其实更特别一点。觉得自己是个傻瓜的人，最后都做出了大事；觉得别人是傻瓜的人，大部分是普通人。

热爱各种“缓解焦虑”

其实有很多人热衷于“学习”是缘自自身的焦虑。绝大部分人本来是什么样，“学习”完顶多就是变成稍好点的样子。再比如去看什么有道云课堂、知乎、罗辑思维、得到之类的，基本都是基于缓解焦虑这么一个目的。有些人如饥似渴地“学习”，似乎在积攒力量，好像积累到一定程度就要爆发一样，其实，最多成了书呆子或者键盘侠，或者自以为是的情怀者。不管什么样的自我标榜，大都是为了让别人觉得自己不是真的无能，只是因为不屑而导致看似无能。“假如我好好学习，肯定能考上某某大学”“如果我好好干，一定比他升职快”是这些人的口头禅。其实这些人就是真的无能，别骗自己了。不要相信什么投资自己的鬼话，投资房子更靠谱一些，毕竟房子比你靠得住得多。你自己什么样子，大概在走上社会的时候基本就已经定了，剩下的无非就是如何优化你手里的那一把牌罢了。

热爱立竿见影，不喜欢坚持

大部分成功者目前看来都是白干一年，然后第二、三年开始收获。其实大部分人之所以做了同样的事情，也可能有同样的才华，却不能抓住机会的根本原因就是，他不愿意白干这一年。写了一段时间文章，发现没有粉丝就不写了；做了一段时间什么东西，发现不赚钱就不做了。然后人家成功之后，这些人还喜欢愤愤地说，我当年比他做得早多了，如果坚持下来，肯定要更牛。所以，有时候我做的主要工作就是安慰那些坚持的人，就算暂时没有收获也要坚持，如果真有秉性坚持一年，一般就会有结果。其实我见过很多人号称要一天写一篇文章的，还有人号称要一天一篇 3000 字的文章，最后的结果是从一天一篇，到隔天一篇，到一周一篇，基本三个月后就不写了。所以我还是劝大家，做事的时候别总是考虑钱，实在不行就跟着爱好走吧，还能坚持得久一点。

抵触新事物

有一种人，炒股的时候看到跌不敢买，看到涨不敢追，到了高点，终于踏实了，然后进去就被套牢，一路跌下来就做了接盘侠。一些新事物刚出现时大都没有配套的法律法规。在不明朗的时候，奋力一搏，逆袭成功。等到明朗的时候，你倒是也想搏，进来的都已经是鲨鱼级别的了，你去搏无疑是送命接盘。所以，很多新事物刚出来的时候，有人总是负面担忧大于正面导向，他们最爱说的一句话就是，“这样做不长久”。这个世界上除了贫穷，确实没有什么可以很长久的事情。努力在一两年内实现“财富小自由”，来两套优质房产打个底，才是逆袭者的必由之路。

自以为懂了

我写过一篇《少说“而已”，多说“万一”》的文章。大部分人都是热爱说“而已”的——“他不过是……而已”，大概潜台词是我要做也能做成，这样的人就是我说的自以为懂了的人。反正他啥都懂，你做啥他都能指出一大堆毛病：你发财了，他觉得自己“君子固穷，非不能赚钱，只是不屑杀生”，潜台词是“你们赚钱的都不是好人，我穷是因为我是好人”。这样的人十分要命，他们活在自己真善美的世界里面，一点也看不到自己其实只是单纯的无能。这样的人大多是键盘侠，网上辩论是小事，以此当成事业从中获得愉悦就是跳入大坑了。当然，对于这些人，旁人也没必要告诉他们什么，最好的辩论就是你惯着他，大家各自按照自己的观点行事，最后谁对谁错，让时间做裁判就好了。这些人唯一解释不了的问题就是“为啥自己这么牛，却没发财”，他们一般就会用“人活着不仅仅是赚钱”来安慰自己。

非黑即白的一元思维

很多人脑子里面只能接受一种观点，比如要么中医，要么西医，你要中西结合一下，他就受不了。我见过一个人很自信地说，我姑姑得了癌症，到死我都没让她吃中药。这种用别人的生命给自己的观点做坚持的人，还是少点为好。其实对于世间万物，大家总是想找到一个真理，但事实上，事物之间大都只是博弈和可能。允许更多的可能不是“不坚持科学”之类的无知，而是给自己更多的机会。科学本来就是大胆假设、小心求证，但是在科学信徒眼里成了“你不信科学就该被烧死”。这种容易被一种套路洗脑并为之坚持的人，大多无法在世俗社会中走到最后。再就是类似“只有我的产品是好的”，或者“只有卖我的产品才能发财”等。相信这个世界的多样性，并学会利用这个世界的多样性，显然是一个没那么有天分或者背景的人逆袭的最重要途径。

我也不是个特别有才华的人，能取得一点成绩，也许因为坚持，也许因为风口，也许因为不贪心。战略层面还是大于战术层面，在各个方面比我做得好的人太多了。一个很简单的帮助自己成功逆袭的办法就是，别人都做、都说的事情，就不要掺和。要相信大多数人都是平庸的，和他们一样，你也就是平庸的了。

22 阻碍你的也许是你讨厌的东西

有一句话说得好，“我们都成了当年自己讨厌的人”。一般说这句话的人都功成名就了，就好像马云说的，“我最后悔的事情就是创立了阿里巴巴”。

《格局逆袭》里面有一句话很受欢迎，大意是，如果你在这个社会混得都是一塌糊涂的话，那么你怎么能保证按照你的观点管理的社会会更好呢？其实大部分“无脑愤青”的逻辑都很简单：美国是这样的，美国很发达，所以我们这样也会很发达。结果希拉里邮件被曝光，曝出诸多黑幕，然后主流媒体不讨论黑幕本身，讨论的却是这是来自境外势力的迫害……多少有些“撞剧本”的感觉。

所以，从另一个角度来看，也许是这个层次的人才会这么干，也许是他这么干才会到这个层次。究竟如何，其实是无法确定的。换句话说，也许是他混得这么惨所以对社会不满，也许是他对社会不满，所以才混得惨。而为什么我们都成了自己讨厌的样子呢？因为只有这么讨厌，才会变成这个样子啊。如果我说：我最开心的事情，就是没有创立阿里巴巴，你一定会觉得我疯了吧？

这个话题让我想起了罗永浩。他做了手机后才发现，原来他喷的那些手机的事情，只是因为他没有做过，如果他做过了，也是一样要掉到这些坑里的。

然后我就发现了一条新的成功或者逆袭之路：讨厌你现在喜欢的东西，喜欢你现在讨厌的观点，然后用自己讨厌的办法去做事看看，到底自己的坚持是对的，还是自己讨厌的才是真相。当然，大家不要抬杠和较真，你喜欢跑步还是可以跑的，和这种喜欢是没有关系的。很多人发现自己错过了很多机会，其实就是发现了原来自己讨厌的东西才是正确的。而我们为什么会去讨厌这些正确的东西呢？多半还是处于一种对自己的心理保护。比如我经常会看到有人说，能忽悠的人都发财了，他踏踏实实做事情，反而没有什么成绩。这种说法非常常见，一般别人赚钱了就是坑蒙拐骗，自己没赚钱就是踏踏实实在做实事。用道德判断来缓解残酷事实，其实只是你自己无能罢了。给自己找了很多理由开脱，慢慢就真的喜欢上这些理由了，开始讨厌那些现实的东西，把自己打扮成天真的小姑娘，似乎不谙世事，其实只是傻罢了。

而从另一个角度讲，观点大概一致的人，阶层也大概一致。你如果不想成为某个阶层的人，也要考虑摒弃这个阶层的一贯想法，去和更高层次的人在观点上保持一致，这样行动上才有可能一致，结果上也就有可能一致了。

最后我们就会发现，阻碍我们进步的，其实是那些我们觉得正确的东西，能帮助我们成功的，其实是我们现在讨厌的那些东西。就好像我做了减肥社群才知道，原来多吃肉不会胖，多吃糖才会胖，然后也就瘦下来了。

当然，你到了这个位置后发现自己做不下去了，那是另一个问题，先坐到这个位置再说吧。

23　真传一句话，假传万卷书

题目这句话是一个小朋友给我发来的，当时我们讨论的问题是，现在的人不去考虑卖货、回款、打造供应链，而是纷纷沉醉在各种读书会、学习 App 或者什么分享之类的群里，沉浸在各种超级知识的“学习”和“分享”之中，幻想自己在静静成长，突然有一天就破茧而出，当上 CEO，迎娶白富美了。这让我想起了我爱人曾经跟我说的话——最近她成长还是很快的，之前她看到我说这样的事情被人反驳还会生气，现在突然释然了——“要不是这些人这么愚蠢，你也赚不到钱”。

所以我一直说，没必要争论什么，大家各持己见，你觉得你对，我觉得我对，三年之后，自然知道谁对。我一直在说，功夫就是一横一竖，对的站着，错的躺下，吵来吵去是没有意义的。不是和时间做朋友，而是让时间来做裁判。其实事情都很简单，只是简单不等于容易，但故弄玄虚的肯定是坑你的，大部分事情的核心说出来都是简单得要死的，复杂的东西也很难成功。

我做“大熊会”的时候，一直保持分享，既不做引流，也不做线下活动，甚至也不做推广。听话的人，三年差不多都有所成，不听话的人，可能还是看着。有几个特别听话的人，我还是特别喜欢的，比如 2016 年年初我让他从项目里套现出来买套房子，人家就真这么干了。结果我都不好意思说了。

更多的人，你让他干的时候，他不干，你让他别干了，他又要坚持一下。这让人真的很无奈。其实趋势和方向都很明确，搞不明白的大概都是受贪婪人性的影响，觉得自己可能是个例外，觉得自己可能不会和别人一样。如果做什么事情之前先承认自己是个笨蛋，不妨考虑下在现有的资源和趋势下自己能做到什么程度，结果往往会和预期更匹配。其实连我考虑自己的问题，也是这样的。不能把未来放在蒙上，当然有人蒙对了，就赚大钱了，问题不是赚不赚钱，问题是下一次呢？下一次蒙错了呢？人脉、品牌是不是就都搭进去了？赌过钱的人都知道，不赢还好，赢得越多，最后可能输得越大。

大部分人喜欢那种拉帮结伙的感觉，其实是为了缓解焦虑。我觉得，这还是内心不够强大的表现，甚至会阻碍你的成功。成功者大多是孤独的。所以我没有去做直播，给更“小白”的人去分享什么，我也很少会拉人入会，他啥也不知道，入会干什么？收了钱还有一堆责任。一般也不会帮人背书和推荐，省得到时候被坑也要怪我，当然，做起来感谢我的倒也不多。所以，既不要怪我，也无须感谢我，凭良心，你能成功就好。一般几年后，你大概就知道，谁靠谱，谁不靠谱，一开始都是甜如蜜的，不要被迷惑。

帮助别人成功，主要是为了自己开心，分享了自己的能力和见识，帮助了一些人改变自己的命运。我赚的钱大多和社群销售之类的无关，这可能和很多人想的不一样，那些巴不得忽悠点人交点钱的人，可能很难理解这一点。

赚钱不是因为你想赚钱，而是因为你做的事情值钱。大多数人都把精力放在了前面怎么去想，而忽略了后面要去做事情。

社交网络这么发达，这个人靠不靠谱，你花点时间去翻翻他最近三年的言论，和现实对比一下就可以了。千万不要觉得这人说了你喜欢听的话就靠谱，说了你不喜欢听的就不靠谱。

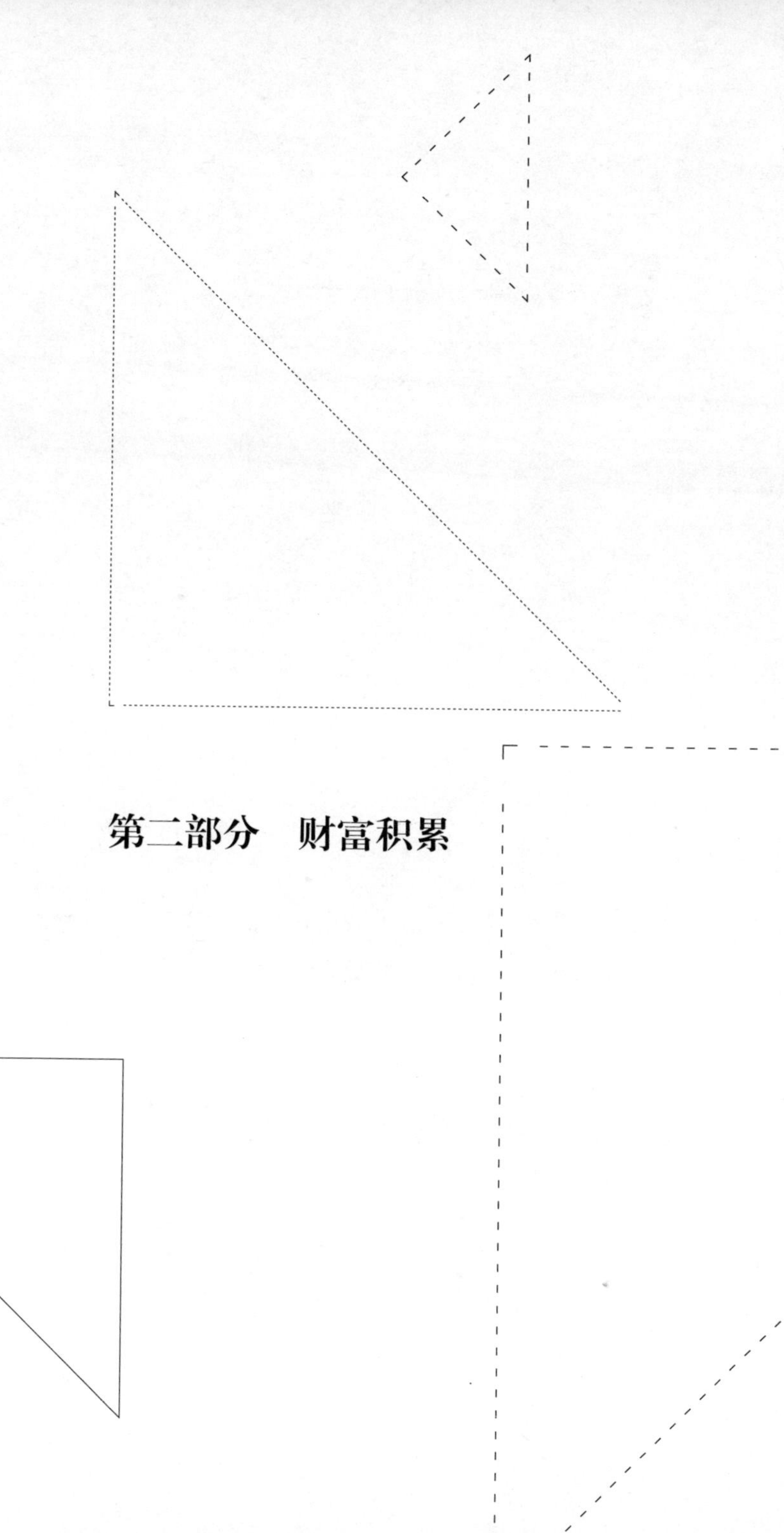

第二部分　财富积累

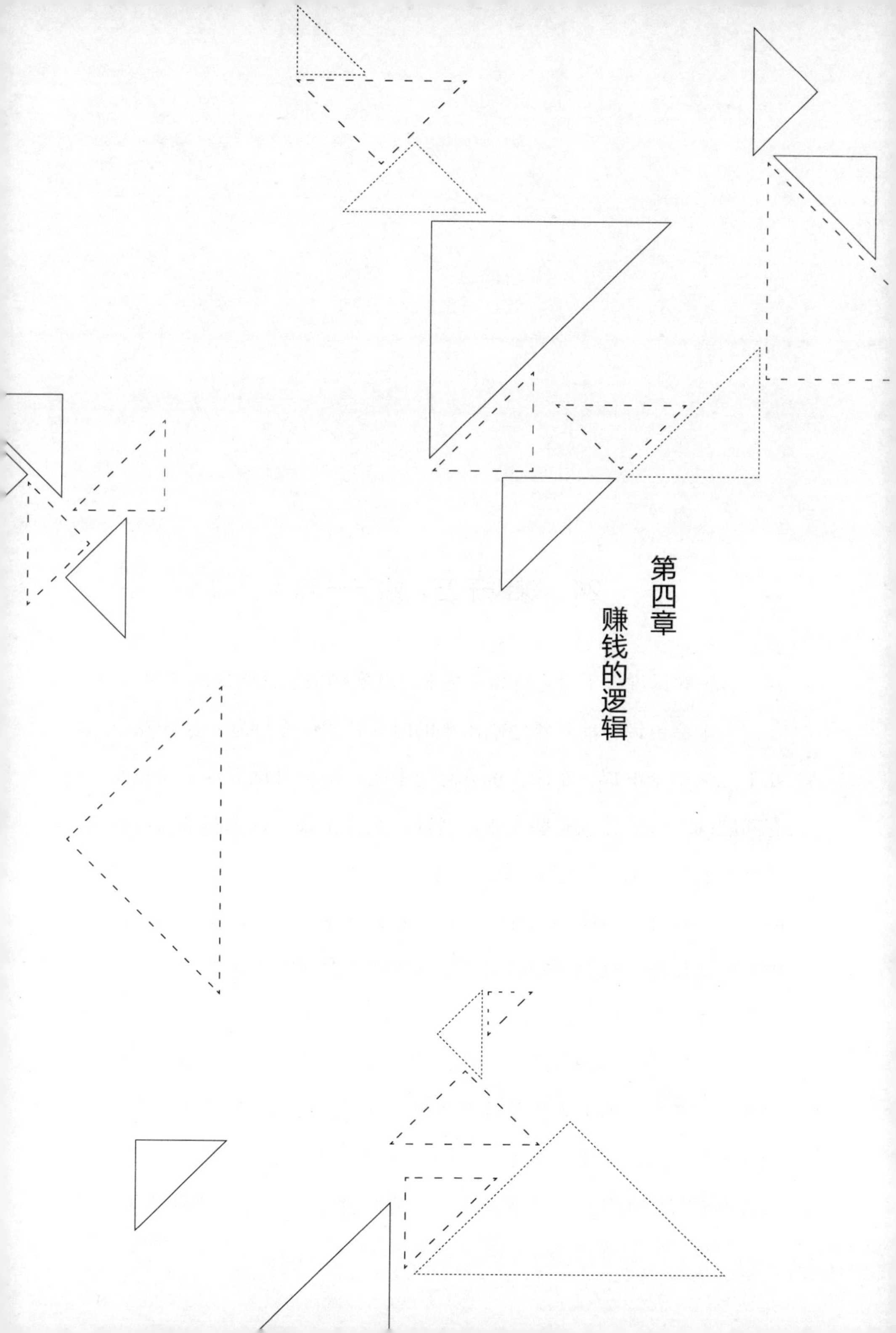

第四章 赚钱的逻辑

24　赚钱千万，始于一元

有一句话说，千里之行始于足下，其实赚钱也是同样的道理。

一个会员说，前几年他刚出来的时候在想一个问题：比如花个几千元钱学个电焊、车床，也算有门手艺，一个月赚五六千元是没有问题的；但为什么有些人年纪轻轻什么都不会，跑来跑去参与各种乱七八糟的活动却想赚到钱？他自己开了一个饭店，刚开始做的时候，朋友都觉得赚不到什么钱，也觉得他这么年轻就出来做饭店没有什么出息。这么多年过去了，他的收入翻了几番，而他那些朋友的工作却换来换去，每个月赚四五千元都困难。

走出第一步真的很难，如果四五年前学点手艺坚持到今天也是熟练技工了。所以人生就这么简单，三年前的选择决定了今天的结果。其实这对我来说也是一样的。我刚开始写文章的时候，很多人也不看好，尤其是一些业内人士，他们会觉得说："你既不专业，也不内行，写文章都是瞎写，怎么可能会成功？”

但是三四年后，他们又会很羡慕地说：“没想到，你真的写出来了。”

其实道理就是这样，千里之行始于足下，想赚千万，始于一元。

人总是高估一年的变化，低估三年的变化，所以在这一年之中，他们就会不断地换来换去，不断寻找机会，如果没有暴富，他们就再换一次。没有积累，就好像爬山每次爬到一半，就下来再换一座山爬。而最后取得一些成绩的人，并不是说多么有才华，也不见得就很聪明，只是他选择对了一座山坚持爬了下去。他坚持在一个项目上做了三四年，可能就比你在很多项目上做一年强很多，最终取得的成绩也可能会大很多。如果恰好这个方向是一个赚钱的风口，那么他也就拿回了自己的利息。从这个角度来说，大部分人的问题既不是才能问题，也不是选择问题，而是坚持的问题。

所以我们今天讲赚钱的事情，或者说讲变现的事情，其实都有一个非常明显的前提，那就是通过坚持和积累来实现财富的增长。

从《格局逆袭》开始，我们就一直在传递一种理念，对于大部分人来说，他们都是普通人，他们缺乏资源，缺乏能力，甚至受教育程度也并不高。在人群中，他们并没有明显的优势，更无法通过他们的资源、能力、背景，或者其他的优势来获取足够的财富。但是，什么都没有是不是就完全没有机会呢？如果真这样的话也就不存在逆袭一说了。

如果我们通过积累和选择，通过不断努力去对抗人性的弱点，还是有很大的机会独辟蹊径的。就像炒股时坚持选择持有优质的股票一样，技术难度远低于短线不断地换股，但收益往往远高于短线收益。这就是通过时间来对抗选择的风险。聪明的人、有能力的人、有背景的人往往都更愿意选择捷径，他们不愿意长期在一条道路上付出努力。其实这就给了普通人机会，虽然我们获得的成就，可能依然无法和他们相比。

但对于我们自身的生活来说，一点有效的改变，一次财富的提升，是完全有可能实现的。进而通过几代人的积累，未必就不能超越。根据我们之前的经验，一个各方面都不突出的普通人，实现一年 30 万 ~50 万元的收入是完全可能的，这个收入可以保证你的后代有更好的受教育机会。如果下一代会有更大的突破，那么，通过几代人就可以完成阶层的逆袭。如果你想要更高的收入，那就付出更多的努力，也需要一定的才华和机会。

所以说，大部分人浪费了很多机会，他们原本能力和才华都不出众，却希望通过和别人比拼能力和才华获取人生的改变，这完全就是以短搏长。如果你之前的经历已经证明了你并非出类拔萃，那么你就应该选择去做出类拔萃的人不愿意做的事情，这样你才有机会通过差异化竞争，形成自己的优势。

所以我觉得，作为普通人，没有才华、没有背景、没有能力也就算了，如果你还没有耐心，也不能坚持的话，那我觉得你真没有什么机会了。

就好像我们之前谈的社交变现一样，社交是一个人一个人地开始做的，这和流量思维完全不同，不是通过大量的加粉来销售产品，而是通过和每个粉丝深度沟通、交流服务，来提升关系和收入，通过为数不多的消费群体就实现自己的收入增长。比如一个500人的社群，每人贡献1000元利润，就是50万元的利润。500人的群对于大多数人来说，都不是难做到的事，几乎所有普通人都可以通过努力和坚持做到。

我写这本书时，尽可能地避开了那些需要专业知识和技能的领域与方向，让大家借助一些比较简单的方法形成自己的优势，并通过坚持，将其发扬光大。

25 你知道的机会就不是机会

经常有人兴冲冲地跑过来问我，说有一个什么样的项目，特别赚钱，他能不能去参与，或者问我这项目靠不靠谱。他们所说的项目或是一个理财产品，或是一个投资项目，或是某家微商的新产品，或是什么“加粉”的手机，又或是一个自动下载App的工具。总之，总会有人想出各种各样的赚钱的方式，看似只要你投资进去，就会获得很高的回报。

由此我们可以类推到很多金融理财公司，它们往往会跟你说一个具有“强大的实力和背景”的产业，然后希望你投钱进去，一年获得几十倍甚至几百倍收益。我们如何去判断这些东西靠不靠谱呢？其实非常简单，一般人都能够接触到的可以赚大钱的消息，大部分都是假的。因为如果真是一个好机会，不太有可能落到你头上。因为这个社会是分很多层级的，上层掌握优质资源的人，他们会优先找到好的机会和更好的回报。一个项目如果真的靠谱，比如说房地产和采矿，一开始就会有大量的资金过去，根本轮不到我们普通人去投资。而一个企业如果有很好的资产增值渠道，它靠自有资金就可以赚到更多的钱，没有必要把你的那点钱拿过去做增值，然后再分给你。所以，这些项目基本上都是不太靠谱的。一般情况下，对拥有大量资金的人而言，年收益稳定在 10% 以上，就是极好的投资了。

从天上掉下的馅饼，往往是一个陷阱。你手里什么都没有，没有资源，没有技术，也没有什么能力，你手里只有一点点钱，而别人惦记的只是你的这点钱。同样的事情也存在于很多所谓的机会之中。有些人找我说，公司原始股要不要买？公司初创的时候要不要投入？可不可以拿股票不拿工资？其实想要得到这些是需要你做大量的付出的。所以，我们在面对机会的时候，实际上是要更加谨慎的，要先想想好事为什么会落到我头上。因为我们只能凭借自己的努力。

最顶层的人依靠资源赚钱，层次低一点的人利用资金赚钱，底层的人只能靠努力来赚钱。依靠努力的人就必须要一些风口的加持，并不是说你一直很努力就一定能赚到钱。比如说自媒体的风口、智能硬件的风口、智能手机的风口、手机游戏的风口等。不过，并不是说你赶上了风口就一定能赚到钱，只是会相对容易一些，还是需要你付出大量的努力的。这是我们的一个基本观念。你在做项目判断的时候，可以从这个角度出发，你付出的努力越多，风险会越小，那些可以让你“躺着赚钱”的事基本没啥靠谱的。

对于一般机会而言，前期是有红利的，而这个时候，大家往往不愿意相信。比如我们说电商有机会的时候，说微商有机会的时候，说网红有机会的时候，很多人都会出来驳斥我们，一般这种时候我们就认为是找到机会了。如果大部分人都认为“这事靠谱，可以去做”的话，那这个市场就没有什么红利可言了。所以说，大众的认知其实是一个反向指标。

我们去判断趋势的时候一定是先看方向。比如现在我们处在一个社交时代，我们判断未来都是社交电商的机会，那么无非就是形式的差别，无论微商、社群电商、淘宝电商、淘宝头条，还是京东头条，可能都存在相应的红利，我们都可以尝试，也许坚持两三年形成气候之后就会有好的收益。

而且在这些新产品诞生的时候，平台给很多扶持的机会，但当大家都开始做的时候，流量就不够了，扶持也会变少。所以说后期没有红利的时候，再做起来就很难了，就进入了拼才华和拼专业度的阶段了。一个成熟的市场中机会会变少，运营模式也会固化，要想做好就需要有很好的技术和很高的水平。而一个新兴的市场，只要你胆子够大又肯努力，基本都可以因获得风口的加持而成功。

所以说，我们一般人看到的机会可能就不是机会，我们讨厌的东西反而往往是机会。我经常说，如果你混了二三十年都没有什么起色的话，你可以去假设一下自己之前相信的那套东西是错误的，然后你换一个对立的方向去相信，也许你的生活就能马上改善了。

26 想赚钱，少想钱

人在这个世界上最大的两个追求，大概就是金钱和爱情。有人说，热恋中的人智商为零，这个很容易理解。但是没人说想赚钱的人智商下降的，这大概和炒股一样，每个人在想赚钱的时候都觉得自己最聪明。

其实我很早就有些疑惑，因为我在炒模拟盘的时候，简直就是神仙，别说赚钱了，涨停也是经常被我抓到的。但是一旦到了实盘，水平就从 95% 直跌到 50%。后来反思了一下，大概就是得失心影响了判断。后来我总结出了一条和恋爱一样的规律：热衷赚钱的人智商为 -10。为什么变成负的了？因为恋爱的人起码不会自以为聪明。所以有时候我看到很多上当的人，都会觉得很好笑，忍不住说："这么简单的骗局也能上当？"就好像有一个人整天在微博上抱怨被网上骗局骗到了，其实他抱怨的不是被骗这件事本身，而是去报案的时候，警察瞥了他一眼说："因这事上当的人我们这里多了，不过博士你还是第一个。"

所以，请记住，人有时候做决策不是凭行为，而是看心情。如果你有他当时的心情，相信你也会做出同样的事情。在你笑话别人上当受骗的时候，一定要想想我这句话。当然，事后回想起来觉得自己当初很傻才应该是正常人的行为，如果你没有觉得自己傻，反而觉得自己一直很牛，那么只有一种可能，那就是你本身就是个傻瓜，而且还很乐观。

这几年，我见过很多普通人成功逆袭，不过见到了更多的普通人装疯卖傻。装疯卖傻的事情没有什么研究的必要，你只需将其作为警示提醒自己别这么干就好了。你要看逆袭的人的方法、方向和最后的结果，这才有研究的必要。因为虽然成功不可以复制，但是赚钱的方法确实是可以学习的。最后我又发现了一个真理，其实人和人格局的差别，大多都能在一件事情上得到体现，那就是赚钱时候的吃相。

有些人吃相比较好看，有些人吃相非常难看，有些人想吃相好看一点又不知道该怎么吃，最后就变成了心比天高、命比纸薄的“轻薄专业户”。他们今天看不上这个收费，明天看不上那个收徒。只要自己没收钱，收钱的就都是王八蛋；等他自己收钱了，比他收得多的就是王八蛋——大概就是这个逻辑。

吃相好看的人，大部分情况下并不靠自己的社交圈来赚钱。比如说，他会做内容吸引粉丝，然后贴广告赚企业的钱。吃相难看一点的就千方百计地要从自己身边的人身上赚钱。吃相好看一点的，只赚能提升自己的钱，吃相难看的就什么钱都赚，还美其名曰各种互联网实验：今天众筹一下，明天卖个神秘物品，后天收个会费，大后天来个合作出书，林林总总各种花招，一遍一遍地圈钱。最后很尴尬，你只能去忽悠越来越傻的人跟你合作，比你层次高的人逐渐也就看不上你了。

所以有些人越混层次越高，有些人越混品牌越低级，原因无非就是在赚钱方面，挑与不挑。

很多人都觉得，能把自己的社交变现多好啊，就从每个人身上赚钱呗。其实，虽然社交电商时代给了我们这种变现的机会，但是俗话说，“人活脸，树活皮”，你再“互联网思维”，你再“90 后不世出的天才”，做一件事情黄了，做另一件事情又黄了，最后终究会消耗尽身边人对你的信任，然后就没有什么人给你机会了。

我一直强调一件事情，那就是做事既要赚钱又不要看钱。意思就是，如果我们做每件事情都要谈钱，不谈理想感情，那太奢侈了，但我们做每件事情又不要被钱左右，因为每件事情都是你的品牌。觉得好的就做，不好的有钱赚也要放弃。

成功需要慢慢积累，可能你爬上去需要很多年的时间，但你跌下来，一次错误就足够了。想赚钱，就要少想钱，当你开始不从自己的利益出发去看待一些事情的时候，事情往往就做好了，钱也就赚到了。

27　抱歉，其实并没有什么赚钱的新模式

曾经有人问我：大熊老师，你怎么看待最近出来的很多新模式？为什么我觉得没有什么新的地方呢？我说，你的感觉还是挺对的，其实赚钱并没有什么新模式，只是老的东西大家干不下去了，想出了一些新的忽悠办法罢了。他说，那我就明白了。

我可以给大家讲两个故事，大家就明白为什么赚钱没有新模式了。

第一个是一位数学家的故事。有一个数学家去当消防队员，然后就被培训怎么灭火。后来有一次，他接到火警出警，到了现场发现并没有着火，他突然迷惑了，因为他没有被培训过没着火应该怎么办。于是他就放了一把火，然后就按照标准程序开始灭火。用数

学家的话说，我放一把火，一个未知的问题就变成了已知的问题，因为已知的问题已经解决了，那么未知的这个问题也就解决了。

这个故事可以解答一个问题，那就是有人问我的，如果公司拿了直销牌照，可以合法地做直销了，是不是就可以成功转型了呢？微商本来是一个新鲜事物，你放了一把火，把它变成直销了，它就成了一个老事物。然后你就看看这么多年做直销的有多少发财的就好了。这是一个已知的答案。很多人喜欢说，我们和安利一样是合法的，那就请问，你为啥不直接去做安利呢？

第二个故事叫朝三暮四。这个故事并不是关于谈恋爱专不专心的，而是关于养猴子的。一个老头养了一群猴子，每天早上给它们3个橡实，晚上给4个。后来猴子不高兴了，让老头多给一点。老头就说，那我早上给你们4个，晚上给你们3个怎么样啊？猴子们表示满意。产品还是那些产品，客户还是那些客户，只是分配的方案变了一下，就可以叫新模式吗？并不是。这就和给橡实一样，总数是不变的，怎么分配猴子能满意而已。坦白说，你就是那个满意的猴子。如果你做过直销，那么你就知道，美式制度是高层发财，台湾地区的制度是新人多赚，马来西亚的制度是中层比较能赚。所以，这就是朝三暮四的翻版，分配方案有变化，但谈不上什么新模式。

华尔街有句老话说得好，“华尔街没有新东西”。这句话可能是20世纪70年代的了，意思就是不管如何变化，金融产品的本质是不会变的，它利用的永远是人性中的贪婪。所以，你说有什么新模式，那都是扯，一个行业的人是很难在行业中进行模式创新的，因为他们已经形成思维定式了。

当然，你也不能说，绝对就没有新模式的产生。一般说来，新模式都产生于对跨界的借鉴，或者新的劳动关系的产生。比如，360公司当年的免费杀毒就是杀毒界的新模式，但免费并不是一种新模式，只是用在了杀毒行业，就变成新模式了。再比如，之前没有互联网，没有自媒体，就不会有互联网广告和自媒体宣传，这些新的东西诞生了，也就带来了一些新的模式。不过，大部分情况下，也会借鉴其他行业。不过还是要说，大部分的模式创新就勉强算模式优化，达不到颠覆的水平，这也是大部分互联网创新很难成功的原因。因为那点细枝末节的优化，或者三五元钱的优惠，实在是对抗不了人的懒惰和习惯。

所以，从任何一个角度来说，如果没有产品创新或者劳动关系的创新，都不会有模式的创新，大部分顶多算模式的优化。比如从有代理要求到没代理要求，从批量进货到一件代发，从简单批发到团队计酬，从线上推广到会议营销，从自己加粉到有人帮你引流，大概就是所谓的新模式了。其实并没有什么太大的变化，人还是那些人，钱还是那些钱，只是要看参与的人的出身，就会产生一些模式的优化。就好像做直销的人做微商，慢慢就做成直销了；做会销的人做微商，慢慢就做成会销了，因为每个人都很难逃离他之前的思维模式。

不过，猴子还是那些猴子，它们满意就好。

28 现在赚钱没有大风口，只有小机会

曾经有人对微商发展的行业趋势做了预测，说微商正逐渐走向直销，大批人开始和直销公司合作，有的甚至已经开始向直销转型了。也有人说，其实与其说是趋势，不如说是颓势。当新的营销模式开始变成老的营销模式的时候，其实已经丧失了未来的预期。直销在中国发展几十年了，什么结局，大家看得到。大家都在等着别人成就自己，以前招代理是核心，现在分代理是核心，没人愿意自己干活。在这种情况下，你觉得自己可以做成事业，赚到大钱？

以我的感觉，大家目前都比较焦虑。前两年赚到钱的人不知道自己是怎么赚到钱的，很担心 2017 年行情不好，因为 2016 年行情已经走下坡路了。前两年没赚到钱的就更焦虑，因为赚钱的难度越来越大，机会越来越少，房价却越涨越高。只有 2016 年年初之前买了房子的人会比较安心，因为房价已经把2017年要赚的钱涨回来了。

2016 年时我说，大概从 2013 年开始，移动互联网带来了一大波的机会，我称之为“九大风口”——手机、手游、App、智能硬件、自媒体、微商、社群、O2O、P2P，你如果从事其中的某一项，多少都会有些收获。传统行业的机会就是房地产。今天这一大波机会可能都过去了，剩下的都是职业选手了。所谓职业选手就是，比你更牛，更有钱，更懂得各种手法，能支配更多的资源和专业度更高的人。换句话说，如果过去的历史证明你是个普通人，那么你再挣扎也是没有用的。值得一提的是，网红目前的业绩也在衰减，直播的热度也在下滑，专业度开始变得重要，草根的机遇又没有了。我

参加微博大 V 的峰会，外面的展位全都是公司化运营的大号群，“独立战士”想崛起，先不说才华，光是资源你能拼过公司化运营、矩阵化互推的吗？

这就和炒股一样，光靠信心是没用的，牛市就是牛市，熊市就是熊市，认准了趋势，才可以顺势而为。非要在熊市高抛低吸，各种入行换品，小亏就是赚钱了。

所以我的判断就是，现在没有什么大风口，只有一些小机会。

未来的一切都在碎片化，任何试图建立稳固入口的举措可能都是徒劳无功的。包括微信在内，可能都无法建成一个巨大的稳固入口。

转化跟流量大小的关联度开始降低，跟运营的关联度开始上升。换句话说，引流这种 PC（电脑端）电商的手法在手机上的效果会越来越差，而流量则会越来越贵。再换句话说，就好像你可以采用预装的方式装上很多 App，但是不会有多少人使用，除非你的内容运营得很好。所以我不爱谈引流，非要弄一些垃圾流量，其实毫无意义。最好的引流方法就是花钱买流量，无论效率、转化率，还是时间成本都是最优的。不过投放也是需要一点技术的，比如微博的充红包涨粉丝、转发抽奖和关注其他人，都是我第一批组织做的，两年充了差不多 90 万元，涨了 200 万粉丝。结果后来红包规则改了，转发关注其他人的功能也被关闭了，所以当好的引流手段出现时，一定要抓紧做，别犹豫。不管是因为官方管制还是因为手段普及，好的方法很快就会失效。省钱就会费时间，又便宜又好的方法是不存在的，或者只存在某些人的嘴里，但他们都很穷。

我的一个判断是社群电商的崛起。未来 50% 的购买都源于社交的推荐，这个方向是不太会动摇的。另一个判断是小众产品的崛起。其实宝洁销售额的大幅下滑已经预示着传统大品牌的市场滑落和碎片化市场品牌的兴起。对于普通人来说，最优的营销模式是社群电商，只要持续积累 500~1000 个客户，就足以带来每年 30 万 ~80 万的收入，当然也可能更多。注意，是客户而不是代理，客户的流失率要比代理小很多，因为他们就是来消费的，只要你的产品服务好就可以持续。而如果跟你不赚钱，代理就会不做了。小众品牌崛起带来的机会则是在于供应链，这也是为什么我在 2016 年刚开始做产品的时候就直接投了 150 万元给一个食品加工厂的原因，这保证了我供应链的敏捷、高效、低成本以及生产手续的完备，可以很低起订量地去生产小众产品，非常灵活，2017 年也有多产品上线。

2017 年出现的机会有哪些？

第一件事情是复盘。

其实机会还是很多，只是大机会没有了。前两年赚大钱的人很多，几百万上千万的如过江之鲫，可以说这是一个时代的风口。这里面个人造富神话最多的几个领域，无非就是微商和自媒体，还有一些做社群的人也赚得不少，只是量级没有前两者大。微商、自媒体做得好的年入最少也要过千万，而社群做得好的也就几百万。这其实都是社交赚钱的范畴。

微商赚的钱，其实抢的是传统渠道、金融理财的市场，大家把闲钱拿出来创业，玩得狠的还有借钱来做的。其实你可以把微商的压货看作购买一个收益不确定的理财产品，所以你会看到银行业比较惨淡，一方面是因为电子支付的发展，另一方面就是因为这些小的创业机会占据了大量资金。自媒体赚的钱其实就是媒体的广告费，很多传统媒体都倒了或者业绩下滑了，但是企业的广告投放需求还在，自然而然就转到了自媒体。这些投放对于传统媒体来说，并不算什么，毕竟传统媒体养着成百上千人，传统媒体人每周出一两篇稿子就可以了。但对于自媒体来说，一天一篇稿子是常态，而些许投放就足以发家致富了。所以，你看什么人赚钱了，首先要想清楚他要赚谁的钱。复盘过去三年的机会，知道现在处于一个什么阶段，是能够做对下一步的前提。

第二件事情是认知。

有一个博士，一开始搞企业咨询，基本搞得一塌糊涂。后来去搞电商咨询，又是一塌糊涂。现在又去搞新微商大学，结局也是可以预料的。一个行业最初的草莽期是最容易赚钱的，这个阶段文化人是看不上的。等到行业成熟了，文化人看上了，开始著书立说搞培训了，基本就走到了晚期。如果现在你还相信什么微商才刚刚开始，马上会有大发展之类的，恐怕连自己都说服不了。当然，如果你说微商已经死了，谁也做不成了，也不客观，传销存在 30 年也都没有绝迹。赚钱不是辩论和抬杠，而是一个对自身能力和时代机遇的匹配和判断。过于乐观和悲观，都是不对的，客观的认知和持续的行动才是最重要的。

如果你是一个老手，市场不好，更要坚持，你需要的是模式的改良和产品的改良，比如激进极端一点的就开始搞会销，加大“忽悠”力度；温和踏实一点的可能做一些组织社群转型，消费引导为主，把生意长期做下去。而如果完全没有经验和团队的，则不宜全身心投入，因为成熟行业拼的都是经验、资源和体系了，你什么都没有，就只能赔钱。这时候，新手需要认识到自己的优势，去观察几个成功的领域，做一些有后发优势的东西。比如你也去做自媒体、社群，也去做微博、微信视频语音，靠整体的发展来建立一个后发优势。毕竟这些领域里前面的人已经都蹚过路了，坑在哪里大家也大概知道。剩下的就是才华、努力和坚持了。认清自己，永远不晚。

第三件事是几个机会。

机会永远存在，差别只是机会大小和你能不能抓住。不能抓住的机会，就等于没有。比如人工智能是个机会，但对于大部分普通人来说，恐怕是没法参与的。所以能抓住的机会，才有意义。大机会就是风口，只要做就能赚钱，能力大赚大钱，能力小赚小钱；小机会就是能力大赚小钱，能力小可能就不赚钱了。移动互联网进入了中后期，社交电商也被洗了一轮又一轮，就好像电商，淘宝的机会可能就小了很多，但是京东又崛起了。

1. 目前来看，社交电商的趋势不变，模式可能会有些变化。微商一个模式做了三年，都没有打造出一个持久的产品或者品牌，你再喊你的产品是新机会大家已经疲倦了。用户真正的消费需求和消费升级的需求是持续增长的，烂货肯定是不能持久的，好货肯定是难赚钱但能为你带来优质客户的，二者你总要选其一。我就选的后者，品质好、价格高、利润低，但口碑不错。不能做一票生意，别人都来骂你，那就得不偿失了，要保证自己的社交资产在不断增值，而变现的方式可以有很多。针对我这样的选择，我在模式上开始改良成社群为主，聚集优质客户，保证消费的品质和后续的发展。虽然赚钱不是很多，但是口碑、品牌和渠道都在慢慢积累。虚拟产品也是一个可以探讨的方向，比如地方性的手机游戏，可能更适合当地人去推广，具体的模式还在探讨，但怎么也会出来。

2. 内容创业已经成为必选项，不管你做什么行业，你都该做微博、微信、公众号、短视频、直播或者音频 FM。尤其是微博，现在增长得非常好，短视频和直播的商业变现还没有开始，但我相信很快就会像自媒体投放一样常见。所以开始做内容，汇聚粉丝，建立自己的品牌，可能是你未来十年都要做的事情。换句话说，什么时候开始都不晚。比如之前卖肉酱不太赚钱，但是现在选择了做占星、星座之类的内容，最后的结果可能是事半功倍。开始你的内容创造，发挥你的长处和爱好，获取自己的粉丝，然后通过电商或者社群的方向来变现，会成为一个普通人创业的标准套路。

3. 社群的价值。团队是非常不稳定的，赚钱的时候，大家都好，不赚钱的时候，大家都跑。而社群则不一样，社群是一个兴趣或者需求相近的人组成的群体，更多的价值不是在产品销售或者赚钱，而是相互交流学习和合作。毕竟在信息碎片化的时代，有一个过来人传授经验，显然比你自己去查资料、从头钻研要靠谱得多。尽管要花一些钱，但是会节省你大量的时间和减少赔更多钱的可能。我做大熊会已经做到了第四年，开始了组织和架构上的进一步改革，也是因为对核心成员的熟悉和对社群的更进一步理解。当然，社群也同样存在 20% 活跃、30% 偶尔参与和 50% 的丧失。但是通过一年一年的淘汰和积累，还是很有价值和意义的。有能力的人做社群，能力不太大的人深度参与社群，去学习和结识别的圈子的新伙伴，对普通人来说都是很不错的机会。

总体来说，目前还是一个打基础和积累的时候，不管新的风口什么时候到来，可以确定的机会是以上的几点：社交电商、内容创业、社群经济，需要你做一些整合和耕耘，然后期待一个新的大机会。就算没有，也可以赚一点小钱。

29 我们要避开哪些坑，又有哪些机会

移动互联网风口已过，互联网企业开始大面积崩塌。所谓移动互联网的风口，几乎是最近这几年所有机会的来源。但大家的做法和移动互联网的时代有一个根本的冲突就是，移动互联网的本质特点是碎片化，而大家都照着互联网时代的特点去做门户式的入口。最终发现，这个入口怎么也建不起来。就算一个项目开始初具规模，慢慢又会被区域性的、垂直性的小平台把用户分走，最后陷入发展停滞。

而这个趋势在微商方面的表现就是，一开始的大团队，后续不断地崩塌、分裂，逐渐肢解，最后形成很多的小公司。而另一个极端表现，则是用传销、庞氏骗局等非法手段来当作圈人的重要方法。

所以，崩溃还会继续下去，很多红极一时的项目持续崩盘，就算上了新三板也一样，因为不会有人接盘。因为拼规模这种事情，并不适合大多数企业。投资人慢慢清醒之后，就不会持续投入了，

而没有赢利能力的项目都会风雨飘摇。

你最后会发现老牌互联网公司最大的优势在于它的赢利能力。几百亿元现金在手，看着你们折腾，最后看谁活得长就好。

颠覆的基础源于供应链改变

马云忽略了京东的一招就是自建物流，大家都觉得外包是趋势，却不曾想，在中国这种环境里，外包的结果就是丧失品控能力。所以最终还是要自营才有门槛，这是京东可以崛起、阿里没能扼杀它的重要原因。

“烧钱”代表作滴滴出行，其实真正的重点没有放在出租车补贴上。它通过出租车补贴，将用户最终导入了自己的专车体系，然后在此基础上去发展专车、顺风车、代驾等各种服务。所以，滴滴的厉害之处并不在于烧钱，而是在于它改造了行业的供应链。

除此之外的“烧钱”，大部分没有什么道理，仅仅是在进行营销补贴，并没有向自营的下一步转型，所以最后都会把自己“烧”死。当资本发现这一点的时候，就开始让大家合并，合并之后靠垄断地位来提升自己的业务毛利率。但垄断这个事情正是要被移动互联网瓦解的，所以，我并不看好大部分的“烧钱”项目。

再说一个保健品案例——极草。一瓶药片 1.6 万元，年销几十亿元。核心价值就在于把冬虫夏草打粉压片，改变了整个行业的价格体系，大小虫草最终都成了同价。

还有我之前说的一个服装定制品牌，最近三年在服装大行业倒退的情况下，逆市上涨，做到了年销几千万。也是在服装生产设计端，做了自己的改造和突破。

崩盘经济后，存在回暖机会

在 2015 年，行业出现了大量的创新和转型，当时我就觉得这些创新和转型都是极其功利的。而这些东西，度过自己半年的生命周期后，就该进入逐渐崩盘的阶段了。所谓崩盘并不是坏的都死掉了，而是泥沙俱下，就好像 e 租宝倒下了，所有互联网金融都开始面临挤兑压力。所以不管你是好的还是不好的，最后都要面对一样的市场环境。

这一轮，会洗掉大部分人这两年积累的财富，有些人可能会被洗掉多年的积蓄，算是一次重新洗牌。而另一些人则会在这个环节离开主流社会，成为非主流人士。比如微商之前还算主流，后来就成了半非主流，而一些人选择了直销，就成了彻底的非主流。而这一点是比较危险的，个人开淘宝店的风险其实就在于和主流社会的脱节。

崩盘之后，其实大部分人并没有其他选择，还是会在之前做的行业中寻找机会。因为这一轮的“被坑”，大家开始选择更靠谱和稳定的产品，牺牲一些利润来保证稳定和安全。所以这个时候，比较传统的基本产品可能会成为主流。而另一个大的机会则是，消费升级的高端市场目前还比较空白，昂贵的产品也存在机会。

社群的兴起

我一直认为 2016 年会是社群年，目前看来，进度比我想的慢一些。社群可能不太大，但需要更好的组织和价值输入。其实这应该类似传统社会商会圈子的移动互联网化。因为圈子可能在传播力上不足，但是影响力巨大。去深度影响某些人，比广泛影响一大堆人更有价值。

现在的社群还是非常不成熟的，大家都以运营微信群的方式去运营社群，而且运营人本身可能都能力有限。这样做社群可能会很困难，而一些真正有能力的人可能也会去组建社群，来经营自己的资源和关系，这才是社群兴起的基础。

30　何以解忧？唯有暴富

说说我价值观的拐点。我的 1993 年出生的合伙人大概在她大二到大三的人生阶段，就赚到了一千万元。现在她正忙着准备大学毕业。如果换作三年前，这完全是不可能的。甚至在我的书里还曾写到我老爸的名言“上学的时候不要忙着赚钱，你毕了业让你赚一辈子钱”，但是现在我已经不说了。看着知乎上《北京的房价是不是正透支着北京年轻人的创造力和生活品质？》里面一大批清华高才生的控诉，我知道，毕了业，他可能一辈子都赚不到一千万元。不过令大家欣慰的是，她没有在北京买房的资格，所以，资产并没有变成两千万元。还记得我《格局逆袭》里第一篇文章提到的圈妹子吗？这也就是三年时间，她自己创造的燕窝品牌现在一个月出货量有几百公斤，是几百公斤燕窝哦，一克卖几十元甚至上百元的燕窝。

在国外解决焦虑问题的方法就是参加互助小组，大家互相诉说一下自己的不幸，心里也就舒服多了，就好像我们在知乎问题下面或者公众号下面留言那样。在国内解决的方法则完全不同，基本就是再来一管鸡血。

所以说，中国是个非常有希望的国家，普通人还是有机会的。正如题目所说，如何解忧，唯有暴富。

其实坦白说，很多人并不是一直买不起房，而是买得起的时候没有买。

不管是因为疏忽大意的过失，还是过于自信的过失，更多的还是自己的傲慢和偏见导致的。比如相信金融学原理，相信地产大 V，或者相信古典、罗胖之类的青年导师，唯独不相信国家的发展啊。

很多人说住房是刚需，这个道理是对的，但往往理解有问题。北京的住房并不是刚需。你说我一直想买都买不起啊，那问题的答案应该是，你买房的地方选错了。其实你能买得起房子的地方还是很多的，只是你不想在那里生活罢了。其实也不必太难过，北京有房的人其实也不想在北京生活，都想去外地清静清静。所以，人只是向往自己得不到的生活罢了，也不必太痛苦，可以把焦虑的时间用在想想怎么可以一夜暴富上。

很多人觉得打工就没有机会，我不这么认为。我一个前同事，当年职级也不高，后来创业卖流量一年卖了一个亿。这其实都是打工的时候积累的资源，所以说，打工的人也有机会，只是你没好好干。与其怨天怨地，不如归而反省，其实机会几年就有一波，抓不住的原因主要还是老思维。“精神病”就是每天重复同样的事情，却渴望得到不同的结果，所以自从世界观被刷新了几次之后，我的"精神病"就好多了。

然后我们讲讲一夜暴富的事情。

因为大部分人上了太多学，所以养成了上学的逻辑。上学的逻辑很简单，努力就会成功。好的努力，配好的成绩，配好的学校，这个没啥毛病。但是这个逻辑在社会中就行不通了。记得 2006 年我去中搜面试，他们说，你看百度做搜索的，上市了，前台人员都成了百万富翁；我们也是做搜索的，很快也要上市了，你比前台人员可强多了吧？是不是听上去我就要发财了？现在是 2018 年了，类似的说法你是不是还能听到呢？所以说，这么多年大家的思路都没有"进步"，"进步"的只不过是诱惑。那时候没人告诉你要买房子什么的，大家说的都是股票，最次也要期权。所以这个年纪过来的人，才能写出《老公创业七年了，一毛钱股票都没拿到》的文章。所以到现在当事人还以为自己是被创始人骗了，而并没有觉得他其实是被这个时代骗了。

从互联网时代开始，生活就在加速，到了移动互联网时代，已经加速得不成样子了，连吃餐馆都不用出门了，叫外卖就可以了。等到有一天连厕所都不用亲自去的时候，估计社会效率就达到了巅峰。所以暴富的时间急剧缩短，这也让一夜暴富成为可能。而我研究了无数一夜暴富的人的特征之后，今天简单地总结给大家。毕竟我也写过一篇流传挺广的文章——《真传一句话，假传万卷书》。

一夜暴富的模式还是非常简单的。

首先，要有一个风口。其次，要有两三年的积累。再次，要有胆量、敢执行。把一夜暴富的人扔进去，基本都符合这三个条件。但是简单不等于容易，你看了还是做不到。

值得一提的是，千万别只会读书。因为只会读书不会让你变得富裕，付诸实践才能帮你创造并守住财富。

最后要说的是，没有时间哀伤了。科技进步带来了信息的高度对称，大家以前以为是好事，好像因为信息不对称带来的价格差都被抹平了。但我要说的是，七年前我就知道，当矿上也有互联网之后，就没人能赚到市场波动的钱了，因为钢厂一提价，矿上就知道了，他们也会跟着提价。所以，科技发展表面上带来了信息的透明，其实更带来了资源的快速集中和投机机会变少。之前大家不知道北京房价会涨这么高，你才有机会买得起房子，当越来越多的人认识到北京的房子有多好的时候，你就没有这个机会了。

31 这几年赚钱的奇葩项目 80% 都在这里

一直以来，大家都把我看作营销专家，其实我更多的是公关品牌专家，不过对于普通人来说，营销显然实在一点，毕竟赚钱更容易点。前段时间，我在微博做了一项调研，就是关于大家身边一些不起眼的发财案例，现在结合我自身的经验，跟大家做一些分享。

为什么现在的社会容易赚钱？主要还是因为社会不成熟不完善，很多新东西出来，并没有相关的法律或者规定管理，恰好又有很大的市场需求，自然就很容易发财。当然，很多东西并不是让大家就一定去做，而是开拓一下思路，考虑下是不是可以给自己的项目做一些转型。

勤劳致富，靠山吃山型

1. 有对夫妻，在街边用土炉子烤饼卖，风吹日晒忙活十几年，然后在市中心买了 3 套房。不知道这算不算不起眼的人致富的例子。

2. 某单位门口，有个卖早餐的小摊子，这么多年，客户很稳固，东西也不多，口味也不算好。每天就做到上午 9 点。后来，摊主买了 3 套房。

3. 我家亲戚，夫妻俩在广东开了个小吃店，店面不大，简单装修，每天做到晚上 9 点关门，虽然累，但是他们很满足。2016 年一年赚了五六十万元。2017 年又扩大了门面，生意也是非常好！其实，只要付出了，总会有回报，行动胜过口号，年轻人，切勿做海市蜃楼般的空想家。

4. 一卖卤面的叔叔，只卖中午一顿，每天就做大概 300 斤生面。2016 年净赚 70 多万元。这是手艺，做了十年，这算是坚持的成果吧。

5. 我读小学时，学校旁边有家破旧的快餐店，夫妻俩每天弄得油腻腻的，也一直开着这家店。等我大学毕业，得知他们一家人都在市区买了大别墅了！很是敬佩！

6. 你们知道淘大粪有多赚钱吗？

7. 学校食堂一家卖拉面的，一个小窗口一家三口人一晚上就收入 1000 多元钱。一天我买拉面的时候听见他们在算账，还觉得生意不如以前好。

8. 夜市炒面、炒米、各种炒……炒了几套房了。

9. 再说个正经的吧：我一小学同学在深圳某菜市场卖牛羊猪"下水"（心肝脾肺肾等）十多年，已在当地有几套房，生活毫无压力。只是工作辛苦些。

10. 我姥姥家附近有一家卖凉皮的店，据说味道超级好，她每次和邻居去排队一小时就为买凉皮。后来我听说，1997 年那家店的年利润就有几百万了。

11. 我听说有人收破烂赚了 1000 万元，开个捷达车，然后自己还把这些钱都投到家乡的天然气产业上。让人敬佩。

12. 20 世纪 90 年代初，一个校工家属在学校门口卖鸡蛋煎饼，一元钱一个，当时跟我说一年能挣 2 万元。1998 年，夫妻俩在浦东花木花 16 万元买了一套 80 平方米的房，2003 年在虹口花 60 万元买了一套 100 平方米的房。后来我回学校看，两口子还在卖鸡蛋煎饼，4 元一个。分明已经坐拥千万家产了。

13. 有个收破烂的叫铁蛋，养了一儿一女，自己不怎么起眼，脏兮兮臭臭的。他和老婆靠收破烂建起了七层宽敞、明亮的大楼房，房子秒变学区房，都租给了陪读的学生家长。

14. 某人专门给某所中学食堂清理下水道，还帮饭堂切菜、刨瓜、切肉且不收取任何费用，模样极平凡，几乎没人关注他。原来他收取学校食堂的剩饭菜，悄悄地经营了一个养猪场多年。后来得知他市中心有房，乡下有屋，乡镇有屋，儿子在别的城市他给买房，女儿结婚他送房，小儿子刚上大学又买了房……

15. 村里有个叫二傻的，啥都不会干，为糊口一直在帮人下池塘清水草，给饭吃就肯来，所以大家都认为他是真傻。可渐渐发现不是这样——你不用他他还跟你急，甚至他会给你几元钱把水草收走，干什么又死活不说……原来有个老板认为这草最适合养河蟹，向他以每斤 20 元的价格收购，大家发现时，二傻已经赚了 200 多万元。

点评：其实这样的例子我身边也有，我读小学的时候，有一批在我们那里的百货大楼门口摆地摊卖书的，等到我读高中时，他们已经开了几个小书店了。等我读大学时，他们已经有几个小超市了。很踏实，不好高骛远，稳步积累。不管是找用户还是做生意都求稳，赚钱了就买房子安居，结果随着房产的爆发，基本也就实现了这一代的财富积累，可以为下一代提供更好的平台了。

时代机遇型

1. 我一小学同学赶上了海口服装业大潮，靠着摆摊卖衣服挣到第一桶金，租了个店面继续卖衣服。我们高二时他开奇瑞 QQ；我们大学时他开了酒吧，又赶上了海口酒吧遍地开花的时代，据说还开了分店；我们大学毕业时他开英菲尼迪；之后搞拉卡拉业务。现在不知道在干什么了。

2. 有人在小密圈搞了个付费社群，教人如何赚钱。每天贡献一个赚钱的点子，内容也是众包的，群友一起贡献，群主邀请各种达人分享。据说目前收了 100 多万元了。

3. 做自媒体和社群的。

4. 做微商的。

5. 在微博向王思聪提问被“翻牌子”的。

6. 遇到拆迁了。我一亲戚，搬迁后在当地坐拥 15 栋房子，然后在市中心购置了 3 套商品房。之前夫妇俩都是中专学校普通职工。

7. 做网络主播。

8. 给主播做微整形。

9. 前些年有钱不知道该干什么就买了房子的。

10. 我们村里有个卖油条的，不怎么起眼，前几年靠倒卖庄子（村里的闲置地皮），停几年升值了，合适的时机，再卖出去。就靠这样的手段，让街坊们刮目相看。他这种兼职做起来的“房地产经营”，在村里算超前思维。

11. 做跨境电商出口的。

点评：上面字数越少的，赚钱就越多。

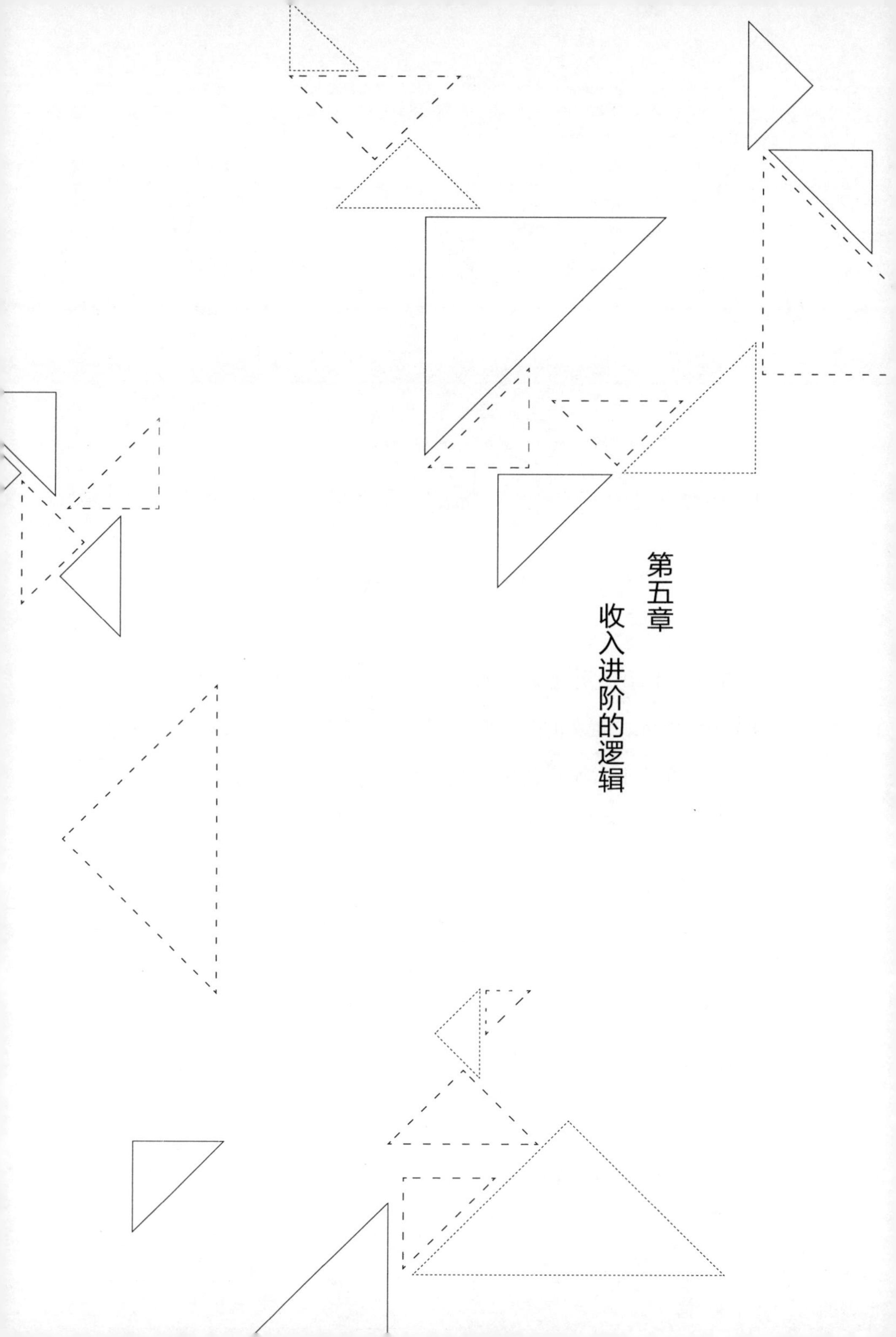

第五章 收入进阶的逻辑

32　普通人年入10万[①]的逻辑

年入10万其实还是比较容易的事情，大概意思就是月入8000~10000元，前者的是税前10万，后者是税后10万，这个级别的收入大致处于大城市的中低收入水平，小城市的中高收入水平，所以从这个角度来说，不同的城市也会有不同的做法。

对于小城市而言，目前的普遍月收入大概在3000元上下，月入五六千元的算高薪，月入2000元以内的算低薪。这里需要注意的是，这并不是能力问题，而是环境问题。小城市里可能并没有月薪10万的地方，而在大城市，比如北上广，你是有这个机会的。所以大家要明白自己城市的局限，而不是一味地追求本地都不存在的高薪。相应的，小城市的生活成本也会比较低，这主要体现为时间成

---

① 如无特殊注明，后文中作者所称年入“10万、30万、50万、100万等”的单位都是人民币“元”。——编者注

本比较低，你不需要跑到很远的地方上班，你也没有更大的竞争压力，所以你有很充足的时间。

在小城市找一份月入两三千元的工作还是比较轻松的，所以你想年入 10 万的话，就要用其他的方式来补上剩下的每月 5000~7000 元的收入。这种补充大概有两个方向，第一个是针对本地做一些服务和生意，另一个则是在网上讨些生活。针对本地做生意这个不赘述，低端的可以去夜市摆摊，你说这样赚不到什么钱，其实你只是需要增加一些新的方法。把你的客户都加到微信上，这样经过你长期不懈地摆摊，如果能加到一个地区 500 人，也基本可以影响全县了。这时候其实你就成了一个媒体，你可以收大家 50~200 元，发一些本市的“找猫、找狗、找工作”的帖子，当一个人肉的 58 同城。一天发两条，一个月大概就能赚到 3000 元，如果多一点，月入五六千元很轻松。可能前期积累需要点时间，当你开始贩卖信息推广的时候，收入还是比较可观的。反正也不贵，大家也都会试试。当然，你要是这么卖东西，也可能会增加很多收入，这大概是微商的另一种模式了。

上面这个思想，是传统生意加互联网的思想，单纯地开个麻将馆、小旅馆，或者去开个淘宝店，卖些特产，也会对家用有些补贴，但是能不能到月入 5000 元的地步，我觉得悬。因为这会受到当地市场的平均收益率的影响。如果很赚钱，很快就会有别人在旁边开一个。当然，电商也很耗精力，如果想达到一个不错的收入水平，可能会影响工作。当然，小地方也就是这样了，空间所限加你的能力所限，可以选择的东西并不多。

大城市则正好相反，大城市机会很多，拿到高薪的机会也很多，最大的问题还是时间成本。上下班路上的时间比较久，一小时以内都算是少的，多少都要 1~2 小时，据说极端的还有三四小时的。这其实才是最糟糕的事情。月入 8000 元大概是一个名校本科生工作两年左右能达到的薪水水平，也可能是一个研究生毕业当年的薪水，部分刚毕业就拿到十几万、几十万年薪的高端人才，不在其中。所以在大城市一般的月入 8000 元都不需要什么技术含量，工作第一年如果只拿 4000~6000 元的月薪，第二年就可以跳槽了。

如果学历不高的话，可能就会糟糕一些。做服务员大概月薪在 3000 元左右，包吃住的话，大概相当于月薪 5000 元的水平。因为服务员会消耗大量的时间，所以说，增值的空间大都在企业的内部绩效提成上。而工人差不多都可以拿到一天 200~300 元的日薪，有的可能还更高一些。所以，只要勤奋，月入 8000 元不算一个很高的目标。实在不行也可以送快递或者送外卖，这属于收入比较高、门槛比较低的行业，就是辛苦。

当然，如果不想辛苦，你来大城市干什么呢？

33　普通人年入 30 万的逻辑

年入 10 万应该是大部分人可以达到的水平，只是有些人可能要辛苦一些。不过今天讲的年入 30 万，是属于 20 万 ~30 万这个区间，这就开始有些难度了。从十几万到这个区间是一个门槛，要靠智商和努力才可以实现。

这里我们要注意的是，在整个收入的分析过程中，有定量和变量，你的智商、长相、能力、家庭这些都是定量，时代的风口、机会就是变量。收入是一个综合的结果，而我讲的事情，多半基于定量，而尽量忽略变量，这样才能对大多数人有帮助。比如网上知名的“卤肉姐”，她的定量是自己的手艺和努力，变量就是社交时代和我对她的推荐。二者结合，她才能在两年内实现了逆袭，从负债到买房。单纯拿出一个部分，都是没有用的。其实我也推荐过别人，最后因为太浮躁，没有利用好机会，现在又回去打工每月赚几千元钱了。

年入 20 万 ~30 万就意味着你的月收入在 1.5 万 ~3 万，这大概是北京上市公司的一个高级经理到副总监级别。一般说来，要有本科以上学历，5~8 年的工作经验，对某个行业有深入了解，有一定社会资源。这可能就会筛掉不少人，大概算是比较优秀的人的极限了。想靠打工挣到这个数目会比较困难，因为你必须很优秀，而且还要在大城市的大公司工作。

如果不靠打工来赚这个钱，那么我们是可以来分解一下这个收入的。每天的收入要在 600 元左右，好的话要 1000 元。日入 600 元的一般情况下要达到“高工”这个层级，这开始进入技术人员的范畴。比如摄影师，一天 1000 元到几千元不等，一个月不一定能开工满 30 天，大概可以实现这样的收入。比如一些好的化妆师，美睫、美甲、美发师，一些技术教学，包括音乐、美术、图像技术处理等。这些自由职业者，大概都可以达到这样的收入水平。当然，如果再高的收入，对他们来说也会逐渐有压力，因为这是靠时间来换钱的，所以时间排满了就是你收入的顶峰。当然，顶尖的选手年入一二百万元也正常，我这里说的都是一般人努努力，认真干几年可以实现的，不谈天分。这个很难达到统一，不过也有一些先天的要求，比如心灵手巧、耐心钻研。你如果只是混日子，可能就很难在技术上有所突破。这里可能还有一些初级的自媒体和新媒体从业人员，外快的收入可以达到，做得好的话，找到这个价格的工作也不困难。我之前有个做新媒体传播的“90 后”的下属，现在也已经月薪 3 万元了。

这些行业最有价值的就是客户，最常见的就是在一些平台打工积累客户，然后自己跳出去单干。牛一点的，就出了自己的品牌产品，不太牛的，还是老老实实做自己的技术服务。

要注意的是，我说的这些是在没有大的投资的情况下，如果说你投资个几十万上百万，开个饭店、茶楼之类的，日入 1000 元可能还赔钱。所以我们现在谈的事情，都是只需要你努力，不要你投资或者只投资你自己学习的事情，尽可能是通过个人努力就可以实现的。

当然，中介、销售，这些也是可以实现高薪的，只是持续性和积累性不强，总体还是靠努力和靠天吃饭，房地产行情好的时候，房产中介就很赚钱，不好的时候，底薪也少得可怜。销售是一项很难积累却容易获得爆发的职业，好的时候，就去赚一把，常年做，积累会比较有限。而且我们经常遇到的情况是，这个行业火了几年之后就不火了，而你已经老了。这里的销售，也包括微商、电商之类的销售渠道。

值得一提的是，随着收入越来越高，行业也开始呈现收窄的趋势。就是有些行业可以赚到高薪，有些行业到一定程度就上不去了，比如服务员、木工、普通文员等门槛没有那么高的领域，可替代性太强，从事的人也多，没有稀缺性，就上不去。

34 如何才能年入50万

从年入50万开始，就进入了高收入的领域了。年入30万左右，其实在北京的话，也就刚过上一般的生活。因为扣掉独立的租房和日常开支，就要每月一万元以上，剩下一万多元养个孩子就捉襟见肘了，俩人生活倒还差强人意。

年入50万以上就不一样了，就可以有很多自由的空间了，很多这个收入层级的人往往还有一些额外收入，比如报销、红包、公司股票等，实际上这个收入水平以上的人生活还是很舒服的。不过随着收入水平的提升，关于职场的分享会越来越少，因为达到这个收入水平的人已经算得上优秀，如果再到百万级别，那就已经相当厉害了，可能就是无法复制了。如果年收入达到50万，在上市公司也是高级总监的范畴了。对于大部分人来说，想想就算了。其实我倒觉得这是比较好的层级，达到了一种收入和生活的平衡。如果再上到副总裁，就有些和公司强捆绑的意味了，虽然收入更高了，压力也会大很多。技术型人才不在我们的讨论范围之内，如果你是大牛，年入过亿也不稀奇。因为是逆袭，所以，大部分人还都是普通人。

尽管如此，你想做到年入 50 万还是要非常努力和有些脑子的。年入 30 万之前，努努力差不多就够了。当然，你说难道白痴也能做到年入 30 万吗？那你就是抬杠了。

迅速达成这个目标的领域显然不多，而从 50 万到 100 万的这个区间，大概你总要去卖些什么。从这个角度出发，大概就有两个方向，“卖人”和“卖货”。曾经有一个哥们儿，模仿我和 Scaler（斯凯勒）写作，写的是跨境电商，大概写了 475 篇文章，粉丝积累够了之后做培训，一年也赚了 200 万。Scaler 写了 1000 篇，大概赚了四五百万，我就不说了。所以，写文章还是能赚钱的。就算你不会写作，起码也会编辑，整理一些相关的文案，我觉得大部分人都是可以做到的。整理多了，自己也就会写了。

写文章变现的方向有很多。你可以去做广告，你也可以去做培训，还可以做社群。比如你做一个社群一年收会费 1000 元，收够 500 人也就有 50 万了，这就是我一直说的“1000 粉丝理论”。记住，一定不要去走什么干货路线。我曾经跟有个人说，没有人是靠干货发财的，大部分人都是靠行业发财。所以写自媒体文章也有门道，不是你瞎写鸡汤文章招一批脑残粉就能赚到钱的。而从长远来看，垂直领域的自媒体，比某些大号还是更有前途一些。这块其实展开讲能说很多，这里就这么带过了。如果大家有机会可以加入我的社群，会有一些怎么做社群的指导。

我当年走上这条道路的时候，跟自己说，我就写一年，没有成绩就不写了。然后就有了今天。其实我做的很多行业都是这样，一年做不出成绩就换，换了没几次，就找到自己擅长的方向了。顺便也感谢一下这个时代。

除此之外，做小吃生意也是可以考虑的，如果你有个家传很好吃的东西，做一个小餐饮店，这个收入水平也是可以达到的。我之前看过一个卖馒头的项目，一个北京小区里的馒头店，居然也年入40万~50万，还是几年前。我还看到过一个日销3600碗面条的项目，也挺猛的。包子、饺子、面条都是利润很高的项目。当然，现在是电商时代，最好这个产品还可以打包零售。我之前还推过一个叫喵太弟的小伙子，他老爹会做辣酱，当时卖辣酱，一个月也能有一两万的净利润，后来粉丝多了，转型做了零食。不过做起来了，也不太理我了。我觉得他应该还是有四五十万元的年收入的，当然也可能更多。卤肉姐的肉制品则是以猪蹄、大肠、猪耳朵为核心，这算是爆款，现在的新爆款是辣牛肉，未来的方向就是中央厨房，我要是有精力，也会考虑这个领域。做食品很辛苦，都是起早贪黑的，不过想达到这个收入水平，你想不辛苦，也不太可能。

我几年前一直说，微商是普通人逆袭的一次很难得的机会，这两年也应验了。不过现在不太好做了，如果做微商想要年入50万，可能月流水也要在四五十万元以上，大致算一个中型团队。如果你曾经做过，你可以努努力，如果你没做过，也别尝试了。

视频主播和职业玩家也有这样的机会，不过对人的要求就比较高了，如果你已经在做了，倒可以通过优化来提升收入，但不建议你从零开始。所以目前看最容易且最靠谱的，大概就是写作、社群和小吃。

要注意的是，我所谈的项目投资都很小，你说我投资500万，年入 50 万，这不在讨论范围之内。当然，如果你有其他赚钱的好路子，也欢迎分享给大家。

35 如何才能年入 100 万

前面写了年入 10 万、30 万、50 万，今天终于写到了年入 100 万。到了这个收入水平，你终于可以算得上富人了。在全世界范围内，一年收入超过 10 万美元的人至少也算中产阶层了。不过到这个阶层，可能对人的要求就更高一些，毕竟不是人人都能赚到这些钱的，否则，就会大幅度地贬值了。

在职场上，这是一个很高的收入水平了，我拿过最高的薪水，就是在微盟做副总裁时，差不多就是 100 万的年薪。对于大部分人来说，熬到这一步可能不太现实，或者可能年纪会比较大了，在行业内有很好的口碑。一些年轻创业者拿到这个年薪的也有，但是一般也拿不长。这是一个高级总监到副总裁级别的收入水平，一个人需要有相当的工作资历和能力才可以做到。对于大部分人来说，是很难的。当然，从另一个角度来说，就算我去为别人打工，年薪也不会低于这个价格，这是个人能力在职场的一种价值体现。

所以，我们只能想想别的方面。

之前讲的做小生意，在这里可能会遇到瓶颈。年入几十万还可能是小本生意，年入 100 万（利润），就要有相当大的投资在里面，这个对于普通人来说也是很难的，因为你就算能借到这些钱，可能也驾驭不了这些钱。据我所知，就有类似小生意做得很好，但在连锁扩张这个环节卡住的，不知道怎么做下去。

所以，年入 100 万，大概要两个方面的共同作用：一是风口，二是个人努力。如果没有风口，只靠个人努力，可以年入 100 万的，那就是人中龙凤。有风口的话，很多普通人就有这个机会了。

从我目前所知的行业来说，新媒体内容、微营销、社群可能是年入百万的几个普通人能够触及的领域。新媒体内容包括自媒体，赢利的方式可以是广告，可以是电商，也可以利用粉丝经济来变现。有一些年入 100 万的人基本都是这两年做公众号的。很多人很感谢我的原因是他们跟着我做公众号了，而大家目前的感觉更多是后怕："万一当时没做，不知道今天的生活会是什么样子""感谢微信"云云。当然，你说要是做不起来怎么办？我想告诉你，做不起来你还和今天一样，没有什么好担心的。现在内容创业还有很多好玩的东西，比如我考虑做一个音频节目，收费 199 元，如果能有 5000 人订阅，也就有 100 万元收入了。不过想让这么多人订阅还要你是"大 V"才可以，你得有粉丝支持，有好的内容分享。

微营销包括微商和移动电商，这种方式就是卖货赚钱。微商赚钱这个不用我说，我 2013 年的时候就在说，那时候没人信，现在大家都信了，很难赚到当初那么多了。成熟行业的特征就是还有机会赚钱，但是竞争也很激烈。现在还能赚到年薪百万的，已经是非常优秀的人或者团队了。不过大家目前都有些迷茫，最近陆续差不多有十个年薪百万的大咖跟我讲说不想做微商了，感到厌倦和疲惫。这也说明了一个问题，似乎我之前也说过，微商是生意，而不是事业。生意就是赚钱就做，不赚钱就不做。

我觉得社群代表着未来，我做了三年多了，很多人现在也开始逐渐向社群转型，最起码打着社群的旗号。比如大熊会收一年 1000 元的会费，有 1000 个人付费，也就有了 100 万。这一点之前提到的 Scaler 是完全复制的。现在大熊会一年收 1666 元的会费，1000 多人付费，所以每年差不多有 200 万进账。不过这更像是自媒体的延伸，算是粉丝的深度运营。我自己也在开发相应的模式和系统，帮助更多难以变现的自媒体，通过社群来变现。毕竟公众号如果接不到广告，靠卖货流量是不足的。如果转型深度运营社群，还是有很大机会的。我今后的方向就是社群的服务，帮助大家建设社群。

我之前做的“轻虹减肥”社群是一个电商社群，目前测试的模式还是靠谱的，有人也确实做到了 500 人的群，每个群每个月的利润也确实有几万元。如果做得更好一点，年入 100 万也并不是不可能。这可能需要一些运营的技巧，以及一些流量的支持，这些我也在跟我的投资人不断推进。到了冬天，这个社群进入淡季了，我们又会去考虑做其他的社群。人总有需求，满足一类人的需求，就是社群。不需要太多投入，年入 100 万也是可行的。只是需要一些经验引导和供应链支撑。

除此之外，还能让一般人年入 100 万的领域，我觉得很少了，其他要么需要高额的资本投入，要么需要很强的专业能力。当然，这些领域做得好的一年也不止收入 100 万，基本能在 100 万 ~300 万吧。其实我写的这几个收入节点，都有很高的门槛，要突破是非常难的。比如你年入 50 万，要到年入 100 万就很难，不过如果你有年入 50 万的能力和资源，加上自媒体、社群或者微营销的思路，没准就可以做到年收入突破 100 万了。

其实最重要的是思路，这个社会最大的机会其实是懒人的存在，因为有人太懒了，我们才有机会。我们尽量不去谈才华，做能做到的即可。如果谈才华，很多人还是做不到。只要你思路对，以前每年赚 5 万，现在 10 万，以前 10 万，现在 30 万，以前 30 万，现在 100 万。这都是有可能的。但你说我能不能从年入 10 万一下子做到年入 100 万？我个人觉得不能，你还是按部就班做比较好。

36 如何才能年入 300 万

前面写了如何年入 100 万，其实少了三个字——普通人。如果不是普通人，年入多少也都不奇怪，如果是普通人，可选的道路就比较有限了。所谓普通人，首先没有官二代的资源，其次没有富二代的钱，再次没有超高的学识和智商，就只能利用自己仅有的才华、勤劳和时代风口。当然，大家如果有其他的可以让普通人年入 100 万的事情，也可以告诉我。

其实年入 100 万已经差不多是普通人的极限了，要做到年入 300 万，就要付出更多的精力去把握更大的风口，比如每天少睡 4 个小时。你要是想过幸福的早睡的生活，我觉得是没啥希望了。至于说创业或在职场上如何赚这么多钱，就不讨论了，因为这跟大部分人的世界离得太远了。

有人跟我提了一个说法“all in”（全部投入），之前我见了一个知名投资人，他也跟我说过。但是从目前看来，这个词看上去很好，但对于普通人并不合适。全部投入一件事，能否获得巨大的成功呢？这有两个先决条件：一是赶上了风口，二是你是个人才。一般说来，前者还好说一点，后者基本都是坑了。所以，如果你是普通人，然后又一头扎到一件事上，可能就把自己扎死了。我觉得做到极致这件事，适合极致的人，对我们普通人来说，往往做不到极致，全扎进去的结果往往就是证明了自己的无能。同样一件事情，你做和别人做结果都不会一样。人家全力学习可以考进清华大学，你全力学习，就能考进中专，还不如先学门技术，比如学美术，没准就能进 211 院校了。

所以，普通人想要年入 300 万以上，大概是不能“all in”的，可能需要多个方向去开花。这也是我自己的经验。比如前面我说过了，做社群可以做到年入 100 万 ~200 万，做微营销电商可能也能实现这个收入，做网红自媒体可能也有几十万元年收入。然后你投资个小房子，没准还能涨几十万；投资个小加工厂，可能有个几十万收益；投资个小店卖吃的，也可能有个十万八万的收益。当你做的几件事情都有营收的时候，加起来也就突破 300 万了。而且这几件事情之间，并没有什么明显的分界线；社群里的人可以买你的产品，微营销面向的人也可以加入你的社群；你可以把房子租给自己投资的小店，买你吃的的客户又可能成为你的会员。如果你遇到了很多瓶颈，大概是因为你能力有限地“all in”了。所以一切的问题还是在于思考问题的方式。

传统的思考问题的方式都是基于产品和模式的，比如如何去开发新产品，如何去做新渠道引流，而我们思考问题的方式则是基于每个人的：如何获取用户，如何发掘用户需求，如何运用供应链去开发产品来满足这些用户的需要。当然，这也是我在做的事情。

当然，很多人会觉得同时做这么多事情，可能有些力不能及，那这就是天资的差别。你脑力不够用，又不愿付出时间，自然就会卡在自己的收入阶层。当然，我们更多地还是希望，有能力、有执行力，缺少方向的人可以找到正确的方向，创造更大的价值。对于能力不足的人，待在自己的阶层安居乐业还是最好的选择。对自己能力和水平的认知是非常重要的，这就是我为什么一直说，首先认识自己，然后认识世界。

有位所谓知名人生导师，卖掉了房子，租房子住，还劝年轻人不要买房，他觉得占有房产是一种存量思维，存量思维也就是穷人思维。他说房价不会大涨了，卖房的钱存在支付宝里，用利息来付房租绰绰有余。后来有人评价说，这位“导师”忽悠年轻人。为什么有些人喜欢去忽悠年轻人呢？因为年轻人好忽悠啊，你说什么他都信啊。这都是我尽量避免的，不忽悠年轻人，尤其是学生，不搞各种鸡汤培训。所以我招的会员都是生意人，尽可能都是有钱人，有价值自然要和有价值的人合作，没价值就和有热血的人合作。前者是利益的结合，后者是帮年轻人长点经验教训，顺便赚点钱。

所以我希望加入“大熊会”的人也好，加入“大熊逆袭”社群的人也好，都是有一定资源和精力的社会人。学生先被别人骗一骗，长长经验，对社会有了正确认识后，再来做些正确的事情不迟。

37　如何才能年入 1000 万

大家要注意，赚钱很简单，但简单不等于容易。会不会行动，能不能坚持，够不够努力，都至关重要，当然对于大部分普通人来说，自己之所以普通，核心还是在行动力和坚持上。有些人总是想立竿见影，这其实是目光短浅的表现。我看到很多人，就算是赶上了风口，也需要一两年的努力和坚持。因为很多时候，赚钱的时间也就是三年。现在很多微商、自媒体也都逐渐不赚钱了。如果前两年没有足够努力，之后再想努力，也没有机会了。所以，不要把赚钱当作像上学一样，努力就有回报的模式就好了。上学模式其实坑害我们很多，学习认真、努力考试就可以上更好的学校，但这个逻辑到了赚钱上是讲不通的，越努力的人可能收入越少。但收入越高的人，越需要很努力地坚持，就算只是数钱，也是个辛苦的事情。

实如果你到了年入 300 万，此时距离年入 1000 万，只是时间的问题。需要增加的部分就是你需要开始公司化运营了。针对各个业务板块组建各自的团队支撑，这会比个人运营更加专业化和垂直化。这其实就已经进入了 IP 运营阶段了，比如我现在，就是在运营自己的 IP，做更多的内容和产品，进行更多的资源合作和业务尝试。其实我也希望更多的人可以通过这个 IP 来获得自己的成长，就好像我在之前的活动中说的，让小咖起步，让大咖起飞。

到了这个阶段，需要做的就是夯实平台，然后在这个基础上不断地进步。想当暴发户是很难的，赚钱这个事情，都是一点点积累出来的。小钱是大钱的祖宗，不要看不上这个看不上那个，为什么很多人开着豪车送货？当然有些人是为了显摆，但是更多的人还是出于对用户的珍惜。这次服务好了，可能未来会带来更多的价值。

对于大部分普通人来说，以及大多数年轻人来说，你需要的其实就是选择和努力，积累一些优势和资源，然后等待一个风口并抓住它。这是需要耐心的，我是 1982 年出生的，我的合伙人是 1993 年出生的，她比我早近 10 年赚到了如此巨大的财富。你说我应该不平衡吗？其实也不是，她需要沉下心来，不要变得浮躁，我需要的则是继续积累和爆发。

我们还曾经谈到一个可以获得年 30 倍回报资金盘的事情，有人问是不是赚钱，我跟他说，其实有很多暴利的东西，其实是骗局。他会觉得赚钱很容易，然后投入更多进去，最后可能会赔钱了事。而事实也是这样，我知道有投资几十万赚了几百万的人，而这些人的结局多半是赔了上百万出局。原因也都和我说的一样，前面觉得赚钱容易了，就投了更多进去。

所以我一直都觉得，普通人赚钱最大的障碍还是格局，并非技巧。大部分事情做好了都是赚钱的，就好像有一个朋友跟我说开了家小店，已经年入 100 万了，目前的困扰是如何扩张。每个人都有自己的瓶颈，跨界和引入新的资源，是突破瓶颈最好的办法。而更多时候，我们也需要单独对待每件事情，这也是我要做一个逆袭社群的原因。

对于大部分普通人来说，年入 50 万以内的生活，是完全可以通过努力实现的；年入 50 万之上的生活，需要一点才华；年入 300 万以上的生活则需要一些风口和机遇。希望看完这些文章，你会有一些收获，也希望你可以立刻做些什么，最终实现自己的逆袭。

38 普通人最后的障碍

路径依赖一直是企业发展的拦路虎，提出这个观点的美国经济学家道格拉斯·诺思获得了 1993 年的诺贝尔经济学奖。之前，这个事情对个人的影响力没有那么大，因为在过去的时代，一个人想要在一个领域有所成就差不多要有一万小时以上的积累，这本身就是一个很长的过程。而随着移动互联网时代的到来，无论是企业还是个人，无论是项目还是趋势，时间周期都在急剧缩短，而路径依赖的影响，也越来越在个人身上体现出来了。

比如这两年做微商成功的人，就算行情不好了，也会继续做微商，甚至误入歧途做了传销，再甚至做了资金盘。一步步把之前的积累都消耗掉了。这种积累不光是金钱的，还有人脉的，包括自己的信誉。而信誉和人设的崩塌，很可能会让接下来的日子里，生活变得更加艰难。

路径依赖的意思类似惯性，即一旦进入某一路径（无论是“好”还是“坏”），都可能对这种路径产生依赖。一旦人们做了某种选择，就好比走上了一条不归路，惯性的力量会使这一选择不断自我强化，并让你轻易走不出去。以前做煤矿的人一直想挖矿，做电器的人一直想生产，就算是行情过了，开始赔钱了，也很少有人会收手，直到破产。但这是一个企业的选择，你让企业变来变去也不太容易，当然，必须要说最后活下来的大企业都是在各种时代变革中，找到自己新的路径的。

之前的社会更加注重个人积累，一夜暴富的情况比较少，通过多年的打拼成为行业翘楚是大多数人的路径。在这种路径中，选择比努力更重要，选错行业可能就一直很难成功。选对风口的，则有可能赢者通吃。而移动互联网给了更多普通人机会，比如做公众号的、做微商的、做游戏的，都有很多普通人逆袭的例子。不过普通人逆袭的偶然性更大，所以抗风险能力也就更弱，自身素质更差，能选择的方向也就不多。最后发现自己好像除了投资之外别无选择，但因为之前赚钱太容易，又很难接受赢利缓慢的项目。所以最终陷入传销或者资金盘中，就一点也不奇怪了。

就算没有陷阱，还在策划和生产一个个新品来赌明天，当然，市场行情好的时候，赌中的概率会大些，市场行情如此了，失败的概率就大一些。一般人这几年的积累，其实是经不起几次失败的。而一些项目还在追求起盘的火爆，想出无数办法还在猛烈地压货出去，最后的结局恐怕最惨的就是高开低走。以前一个新品还能做 6~8 个月，现在可能 3 个月就没动静了。

所以，也许命运会偶尔垂青一些普通人，给他们看到了逆袭的曙光，但人性会让他们进入这种路径依赖之中。就好像曲线波动一样，高低震荡之后，你还是只能过属于你的生活，那些繁花似锦很快也就灰飞烟灭了。这就好像赌博或者炒股，赚多少钱不重要，重要的是你什么时候离场。

最终，你能否卓尔不群还是取决于你能否战胜人性的弱点，克服自己的贪欲，跳出路径的依赖，不断寻找新的方向。就算找不到什么方向，其实也总可以休息休息，有钱就买个房子，存个几百万先赚着利息，等待新的能抓住的机会。或者做一点小生意，一些不错的产品，维护自己身边的用户，做好服务，积累新的人际关系。做自媒体的则少去抓一些眼球，耐心做一些优质内容，等待新的机会或者商业模式出现，都不失一个好选择。

当然，我一直是相对保守的，我一直觉得很多事情，是时代给你的，而并非是你自己的聪明和努力。如果获得一点成绩就狂妄地觉得自己会百战百胜，其实就已经埋下了入坑的伏笔。另一个判断就是，并不是每个机会都适合你，你都能抓住，比如网红、音频甚至视频，我也都没有去跟风，但也都做了一些，慢慢看后续积累和反馈吧。

就好像股市一样，在行情好的时候，每个人都是炒股大师，但在行情不好的时候，谁能留住资金熬过去，谁才有可能搏击下一个牛市的起点。道理其实都简单，说起来也很清楚，但是层次越低的人越是绷不住。他们一定要把钱投出去，不赔光不算完，也不知道是图什么。

慢慢来，比较快。

39 穷怕确定，富怕洗脑

之前我讲过，不同阶层的人的思维方式不同。有钱人的思维方式是“神经病鸽子”，而普通工薪阶层的思维方式，是巴甫洛夫的狗。什么意思呢？神经病鸽子的意思就是，你随机去喂鸽子，喂过一段时间之后，鸽子都会呈现出一种神经病的状态，有些会原地打转儿，有些会不停地跳，因为它们把某一个动作和获取食物这件事情关联起来，产生了迷信。巴甫洛夫的狗，大家都很熟悉，就是给狗喂食的时候就摇一下铃，形成条件反射。以后只要摇铃，就算没有食物，它也会分泌唾液。

说有钱人像神经病鸽子，是因为他们不知道自己为什么会这么有钱，所以他们愿意做各种不同的尝试。这就是为什么，有些人可能会相信气功大师，有些人甚至去参与一些奇怪的活动。而工薪阶层则不相信这些，他们只相信我做什么样的事情拿到什么样的回报，如果有天上掉馅饼他们就会很警惕，对“大师”之类的也非常抵触，这就和巴甫洛夫的狗是一个道理。

总体而言，每个人实际上都在追求一种确定性。不管是烧香拜佛、努力读书，还是认真工作，无非都是希望自己的行为能有确定的回报。但事实上人生充满了随机性，需要你去冒险，需要你去做不同的尝试。如果你是巴甫洛夫的狗的形态，那么你可能会一直是一个普通人，而如果你愿意尝试一些更多的东西，那么你有可能获得不一样的收获，这也是为什么有钱人、高层人士对待中医、宗教之类的问题的看法和普通人总有不同的原因。

但是后来的事情又让我发现了另一个问题，就是掩盖在追求确定性之下的另一种人性诉求，我称之为另一种可能。这种方式一般出现在一些“洗脑”课程中，比如教练技术，一般不太有人会把这种技术运用到营销中来。不过现在看来，已经被一些别有用心的人营销化了。

我们先说说教练技术是如何给人洗脑的。首先，他会建立一个温馨的环境，让你感受到正能量的温暖。在这个过程中给你植入一个心锚，让你开始逐渐否定过去的自己，否定社会的不好现象，让你变得更加积极向上，充满了正义和正能量。这个时候最关键的一个环节就来了，这个环节就是暗示你的人生存在另一种可能。比如你可能会因为存在这种可能会变得更好，社会因为存在这种可能也会变得更好。于是很多人就被说服了，认为自己与众不同，掌握了世间真理，是被“神”选中的人，或者在下一次世界毁灭中，你会成为幸存者之类。这里有一个词大家可能更熟悉一些，叫“神选”，其实是一个意思，就是暗示普通的你，可能会隐藏一个不普通的人设，如果你想实现这种不普通，过去宗教的做法是让你捐点钱、练练功，现在的做法是让你买个手机。

很多人不知道为什么有人具有这么大的影响力，或者有这么多死心塌地的粉丝，其实原因无非是这种教练技术的营销化。

我们可以拿一些语录来看看：

> 让大部分用户去死，我们是给精英做的。
>
> 假如有一天我们卖出了成百上千万部手机，连傻 × 都在用的时候，你们要记得这是给你们做的。
>
> 我不是为了输赢，我就是认真。
>
> 在通往牛 × 的路上，风景差得只想让人说脏话，但创业

者在意的是远方。

未来属于我们当中那些仍然愿意弄脏双手的少数分子。

通过干干净净地赚钱让人相信干干净净地赚钱是可能的。

通过实现理想让人相信实现理想是可能的。

通过改变世界让人相信改变世界是可能的。

即使是在中国。

其实我不用列举太多，就可以总结出来，这所有的语录都是基于一个逻辑：你，我，这个社会，可能有另一种可能。潜台词的暗示是，如果你们买了我的手机，或者我成功了，那么这个可能就会实现。这一下子就会击中普通人的心锚，所以被感动得稀里哗啦也就不奇怪了。这种情况在教练技术里面的术语叫作“感召”。教练技术还会要求学员“感召”身边的人继续拉人来加入这个大家庭，以此完成持续的用户群体扩张。

所以，大家的差别无非就是，在你眼里都是真情理想，在我眼里都是技术。这种技术其实也不难，告诉你只要你交钱，就可以发财，只要你做什么，就能实现人生理想，这种技术微商其实常用。实力上的差别只是在于，有些人是直接喊出来忽悠，大家觉得很可笑，高手则会铺垫很长的氛围，设定好心锚，最后通过现场一击必中，大家又会很感动。所以在这种情况下，能不能克制，只能看个人，比如我自己做社群，我如果说你加入了就能赚大钱，就能逆袭，自然可以招到更多的人。当你说只是分享一些营销的技巧，那招的人就会少很多。如果你直接说，你做了也不一定能成功，但可能会有机会，那就更完蛋了，大家都去找那些，加入了就能学会引流、卖货，月入 10 万元的了。这到底是说的人的错，还是信的人傻，其实也不好说的。但是这样的“傻子”毕竟是“弱势群体”，我们应该有些悲悯之心。

进入教练技术状态的人，是共同捍卫这种不同的可能的。当你去否定这样的产品不会给他带来这样的结果的时候，他会非常愤怒地去反驳你，认为你破灭了他变得不同的希望。这种影响和你不让他参加高考不上相下，还是很深刻的。

不过这些人经历之后是不是真的不同呢？也确实有些不同，比如钱总会少一些。

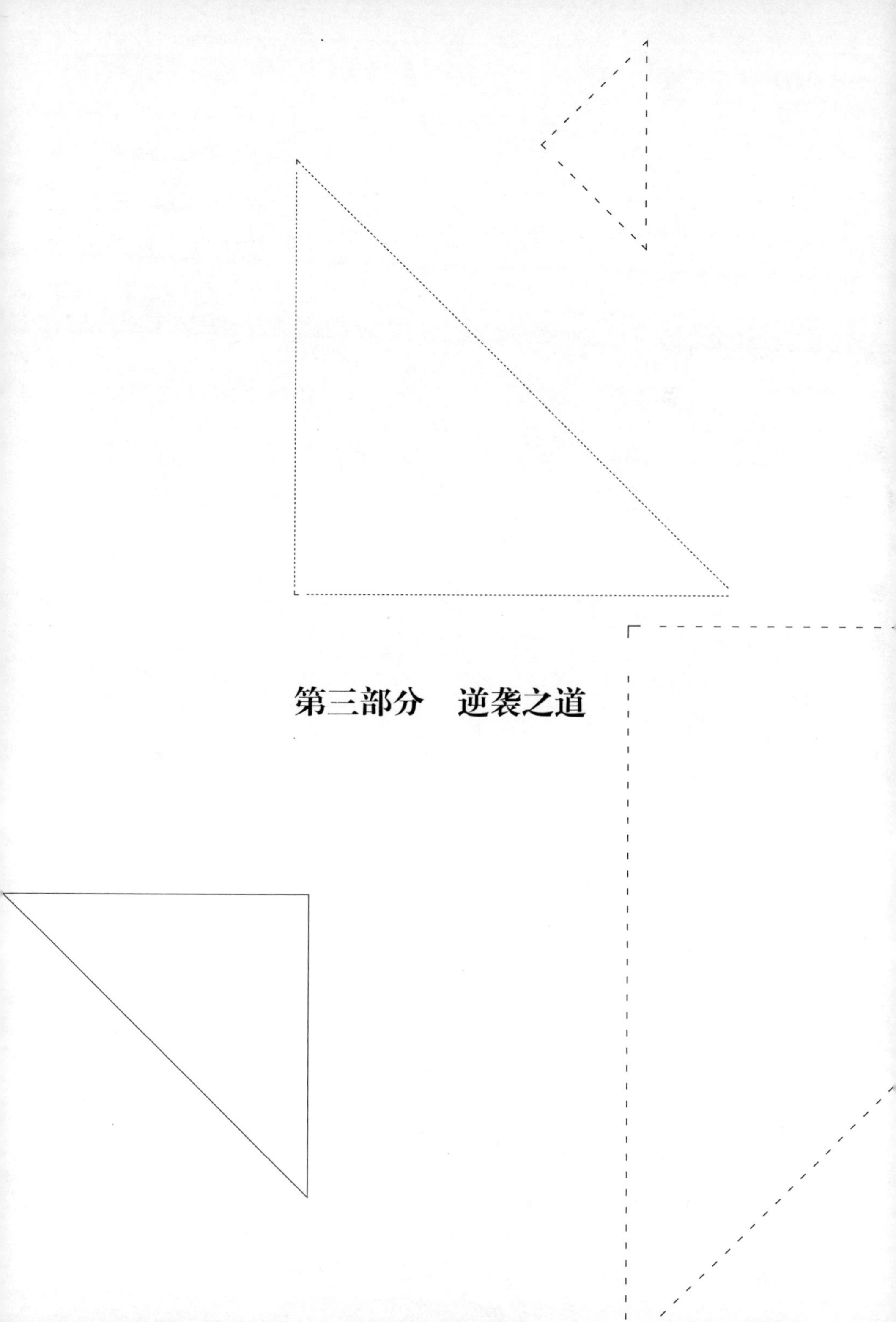

第三部分　逆袭之道

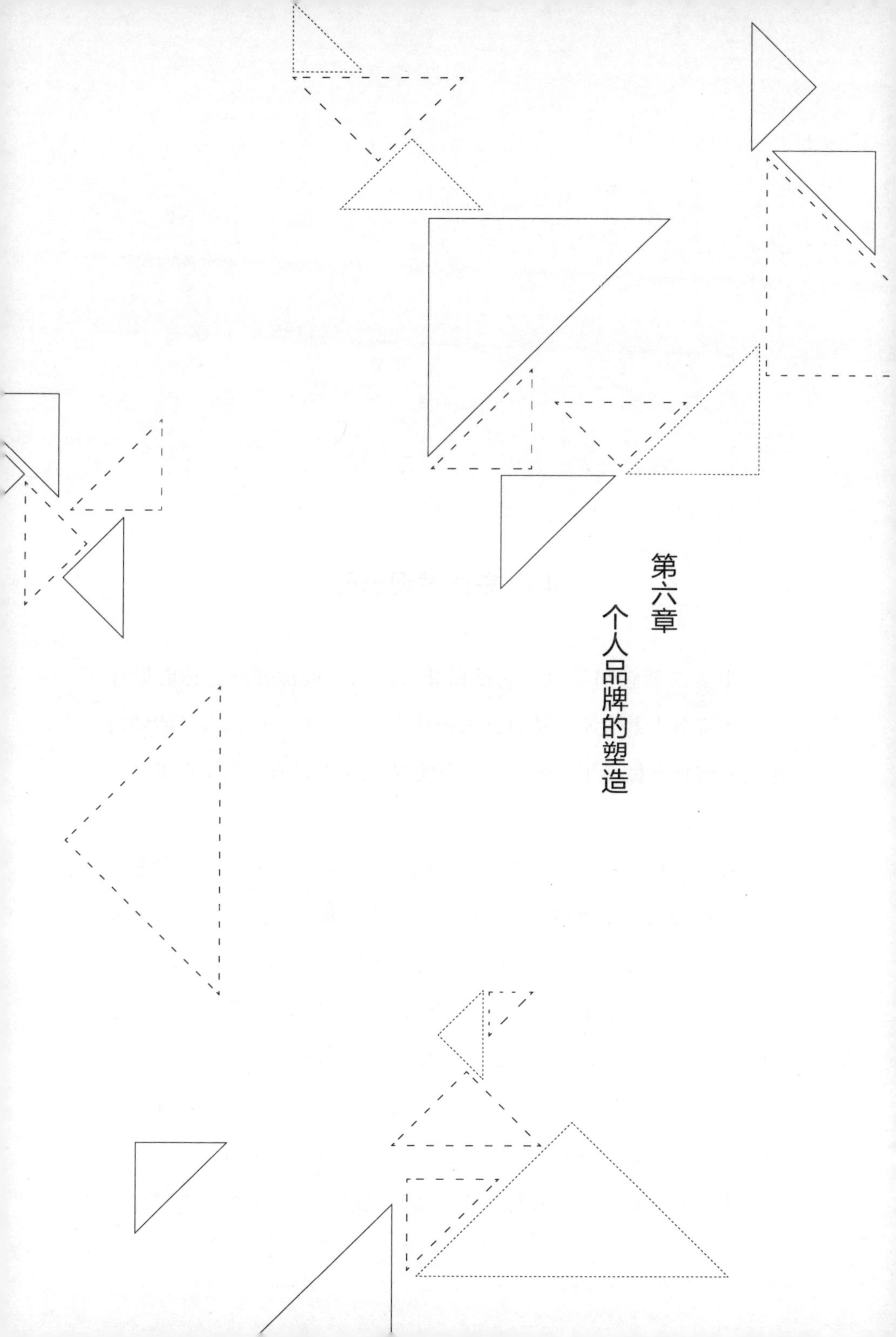

第六章 个人品牌的塑造

40　首先发现自己

很多人都想知道自己应该做什么，我一般都要问，你能做什么？大部分人其实不知道自己能做什么，更多的人以为自己能做的事情其实根本做不了。所以，你会发现，30 岁以前，其实更重要的是发现自己。

我比较喜欢耐克的广告语“just do it”，可以理解为“去做吧”，很多时候大家都很困惑，然后到处问别人，我应该怎么做？或者我该不该去做？或者我该如何选择？我一般会说，你做了才知道。

虽然在学校的时候，一直很优秀，但在毕业的那一刻，还是会胆怯，不知道自己能做什么，不知道该如何找一份好工作。父母也很着急，说考研吧，考公务员吧，考司法考试吧，我介绍你去哪里上班吧。我估计现在很多人的情况和我毕业时差不多，甚至更严峻。当时我还是决定去找份工作。还有很多毕业生选择去考试，落榜者在几个月或者考上的在几年后，发现又要面对如何找一份好工作的处境。几年后我已经有了不少的工作经验，虽然第一份实习工作的月薪不过是 800 元，和我大学时候的每月生活费一样多，还要天天去上班，但我也从不迟到、早退。这一点我也要跟大家重点说一下，也许因为是在部队长大的原因，我很看重守规矩，这一点对我的职业素养的培养帮助很大。

虽然第一份工作工种不高级——电话销售，不过我的收获很大。我了解了搜索引擎和互联网的很多事情，在六年后，突然发现这些认识真的有用。其间我还认识了一个不错的朋友，在北京一起奋斗。当时看是浪费了几个月时间，回头看非常值得。

再后来，我替一个乡村企业做了一个网站，深入地研究了农民和农村的很多事情，本来觉得这些事离自己很远，后来一回北京，就到一个与农业相关的 NGO（非政府组织）面试，马上就轻车熟路了。再后来我又去做了一个工程项目，本以为自己要进入工程领域了，结果这段经历对我后来在投资公司的工作也帮助很大，我几乎成了类似项目的专业人士。

在工作的最初三年，即草根阶段，我经常在网上的足球论坛代表鲁能球迷和其他队的球迷掐得不可开交，这段经历虽然看似不值一提，但是锻炼了我的逻辑思维和文笔，也增加了自己的涵养和对人性的理解。后来我把这段经历复制到互联网评论行业，简直如鱼得水，能打得过球迷的人，还有什么人不能对付？

我后来发现，人生的每个阶段，只要你认真做了，就不会没有用，一些人和一些事都会在此后人生的某个节点对你帮助良多。当然，前提是你认真做了。做一个行业，起码就要了解一个行业，进而做这个行业的专家。不过这仅限于对专业程度要求比较低的领域，比如市场营销、企业管理。在财务、设计等专业领域则是另一回事。

年轻的时候，多做一些事情，哪怕少赚一些钱，都是值得的，这一点不会错。因为你每做一件事情，都会在一定程度上发现自己的一些能力、习惯，最终认识到，自己是否适合这个行业，或者是不是有更好的选择。

而从另一个角度去讲，经历一些事情，就会认识一些人，这些人和你志同道合，条件相仿，他们的父母、朋友都可能是你能够利用的资源。你认识的人越多，机会也就越多，如果你看过我在本书第七章写的一篇叫《社交中的强关系与弱关系》的文章，就知道信息对于独自奋斗的我们来说，有多么重要了。

没有什么事情是单纯浪费时间的，也没什么事情是毫无价值的，只要你认真去做了，或多或少都会有一些收获，而这些收获可能会在很多年之后，让你受益良多。

说句题外话，这就好像很多人最后还是娶了自己的小学、初中或高中同学。

41　个人品牌的未来

当智能设备开始让生活碎片化的时候，社交网络似乎也开始让社会碎片化。

我一直是做个人品牌的，从很早的大熊特供机、大熊品牌导航、大熊微博培训、大熊微信朋友圈培训、大熊会，到我写的每一篇文章、我的微博微信QQ昵称，完全都是一致的“万能的大熊”，这就是一个基础的品牌意识。公关讲，你从五个途径看到一个宣传，你就会相信，所以大熊努力地在各个领域发展，以实现能让大家在各个方向都有看到这个品牌的可能，最后实现一个个人品牌化的打造。虽然我一直没有想好做了这个品牌之后要干什么，但我总觉得这肯定是一个正确的方向。

从行业来看，无论是腾讯、百度还是阿里巴巴，都已经对未来的发展感到焦虑和不安，因为它们似乎越来越力不从心，层出不穷的新事物蚕食着流量和市场份额，而且这些东西看不见、摸不着，所以就必须用屏蔽或者二选一这样的方法来扼杀，逼迫用户选择，否则就会放任这些小东西做大，虽然不至于颠覆，但也会把市场搞得支离破碎，毕竟蚁多咬死象。

这就告诉我们一个未来的方向，必须要做个人品牌，才会在未来碎片化的社会中抢占优势。个人品牌可能来自微博、人人网、微信，当然微信现在又分为两派，一派是公众平台，另一派就是我支持的朋友圈。公众平台目前还是适合靠自动问答做客服查询问答，或者靠推送竞品内容做个人品牌，赚钱略显困难。而朋友圈赚钱则是非常容易的，难度则在于品牌传播。所以这些工具不能只重一个，必须都要做好。

当然，这个完全破碎的社会还需要时间，但走在前面的人，会有很大的好处，就好像之前的微博大号一样。所以，有能力的人，还是需要注重打造个人品牌，毕竟，这是你不可剥夺的财产。

42　品牌是抢不走的资产

什么叫普通人？大概的意思就是什么都一般般。第一，背景一般；第二，勉强算不穷；第三，资源有倒是有，但都用不起来。有个段子是这么说的，王思聪的老爸给了他 5 个亿，后来变成了 20 亿，翻了 4 倍。我老爸给我 5 元钱，我买了副手套去搬砖，赚了 40 元，翻了 8 倍。所以说，赚钱的能力我还是有的，就是本金太少。

是的，对于普通人来说，本金太少是个非常重要的问题。除此之外，也没有什么好的投资机会，更谈不上有什么好的创业机会。所有的机会里面都塞满了人，钱多的，资源多的，更努力的，显然就比你提前了几个段位。如果你有这些东西，那你也就不是普通人了，也早发财了，也不需要看我这本书了。

所以我们就要去找一下，还有什么能用来赚钱呢？学识？体力？长相？身材？自己审视一下这些方面，恐怕不能说惨不忍睹，顶多也就是差强人意，所以最后发现，现在这个时代，唯一还能利用的东西，就是人脉了。

“人脉”这个词，是台湾成功学讲师带到大陆的，成功学的原理里面有八成是靠人脉的。不过这也是过去的东西了，你必须承认，在那个时代，很多人通过一些组织、学习班确实积累了不少人脉，最后也确实有不少人改变了自己的生活状况。这个法则还算是有些靠谱的，只是那些方法，多半都是“鸡血”，一时有效，很快失效。但是在现阶段，情况又发生了很多变化，手机、微信、微博的诞生，让我们的社交生活发生了彻底改变。还有各种直播、唱歌的社交平台，也让很多人成了网红，最后这些都变成了实际的经济价值。

所以，社交恐怕是我们普通人最后一个可以实现从零开始逆袭的领域了。在这个时代里想要逆袭，从社交入手还是容易很多。

从微博开始，就有草根大号，比如段子手，很多都是年入百万甚至千万的普通人。微信崛起以后，又有了朋友圈和公众平台，前者造就了无数的微商逆袭神话，后者造就了无数篇篇阅读“10 万 +”，成就了收入几十万乃至上百万一篇的自媒体逆袭神话。视频直播平台，打造了一批批网红，在淘宝上年销售数千万甚至数亿，不一而足。随着这个社会的移动互联网化、社交化和碎片化，大量的社交渠道开始瓜分传统渠道的利益。比如说，之前在传统媒体投放广告的，现在在自媒体投放；以前在商店买衣服的，现在在网红那里买衣服。很多人说传统行业在衰弱，其实本质还是转移到了这些新兴的领域。而且这些新兴的领域，往往都是个人出来打天下，运营成本极低，收入却极高。所以在大家都喊经济不好的时候，这些社交明星们，还是赚得盆满钵满。就好像我的第一本书《格局逆袭》，其实也都是通过社交平台的粉丝购买，两个月销量就超过 6 万册了。

当然，很多人觉得自己可能不具备社交赚钱的能力，其实这是一种自我否定，如果你看过我的第一本书就知道了，人的成就永远无法超越他的思维格局。其实每个人都有通过社交平台赚钱的机会，只是少数人可以发大财，大多数人则可以赚点小钱。就好像从月薪三千元，到月入一两万元，谁说就不是一种逆袭呢？之前有一个卖肉夹馍的粉丝找到我，那时候她负债累累，天天出摊卖肉夹馍，她说生活没有希望。我让她在朋友圈卖卤肉试试，并且我在我的公众号推荐了她，然后她就兴致勃勃地坚持了下来。差不多四个月的时候，她就不用出摊了，在朋友圈销售就完全可以了。不到两年，她就在郑州买了房子。我觉得，这就是典型的逆袭了。也是最典型的普通人逆袭——没有资金，没有背景，没有好的长相和身材，完完全全的普通人，两年时间买房。当然，你可以说她有手艺，会做卤肉啊。可是我想说的是，中国不知道有多少卖肉夹馍的，有几个实现了这样的逆袭呢？其中的秘诀是什么呢？

社交的机遇，自己的努力，当然，还有高人的推荐和指点。其实这几年我看到了无数普通学员的成长，比例相当惊人，不能不说是这个社交大时代赋予的绝佳机遇。如果你还没有行动，或者没有什么起色，那么你可能会在这个逐渐固化的社会阶层中越陷越深。

不管你没有什么，但总会有几个好友。

43　培养品牌意识

中国人都比较着急，很多人在工作中也比较绝望，觉得看不到自己升职的可能，于是就开始不断跳槽，跳多了，反而很难再有所突破，于是在职场中折戟。这里面的错误在于，他把出卖劳动力换取报酬，当作了自己的事业，而其实真正的事业应该是培养个人的品牌。

个人品牌这个东西其实并不新鲜，古代就有名医，病人会从四面八方慕名而来，达官贵人也会对其格外尊重，最后医术精湛的就成了御医。这就是最早个人品牌价值的范例。这些人成名的道路也颇有指导意义，一开始看病便宜，老百姓都来看，看得多了，看得好了，口碑就出去了，于是开始口口相传。他总会碰到一些机遇，比如某位达官显贵病了，试了很多方法都没有治好，然后请他去给他治好了，然后这位医生的人生就发生了转折，然后可能就走上了仕途，再然后可能就是三代为医官的故事了。在古代这可能也算是逆袭的标准案例。

到了现代，名气就等同于财富已经不需要论证了，各行各业都有自己的名人专家，这些人出出镜、动动嘴就可以获得高额回报，甚至作品都是别人代劳，仅仅挂个名就很好卖。这些人往往是最接近传统媒体和体制的人，用一些优质的媒体资源换取自己的曝光，明星艺人就更不用说了。大多人还是在普通的岗位上，过平凡的一生，依旧只有少数人可以成为行业内的明星，身价不菲。

在移动互联网高速发展的情况下，品牌出现了两个趋势，一是品牌日趋个性化，一个是普通人也可以通过社交网络建立自己的品牌。

很多人都在谈品牌，但其实，他们不知道品牌的真正价值在哪里。人人都说现在进入了一个 IP（知识产权）时代，其实 IP 时代就是品牌时代。原因是，碎片化是这个移动社会的主要趋势，那么在碎片化的大潮中，一个品牌或者 IP 是天然有凝聚能力的，这也是我后面要重点要说的社群的前提。所以说，碎片化时代的品牌比以往更有价值。

其实我自身的成绩和我的品牌意识是分不开的，我一直努力打造我自己的个人品牌，包括科技界的 KOL（关键意见领袖）、营销界的实战选手、社群界的成功案例、畅销书作家等，都还是塑造的“万能的大熊”这个形象，我放弃了很多可能会影响自己品牌的领域，很多人也做起了一些品牌，但是因为纠结于收入，往往扎入某些领域捞金，最后葬送了自己的品牌。

所以赚钱这件事，就是交易，你换的钱多了，换的手段不高明了，你的品牌就会贬值，这也是我一直刻意避免的。从这个角度来说，可能开始少赚了不少钱，但品牌增值了，这可能带来更多收获。重要的是，会有更高的高度和更广阔的发展空间。

品牌的概念有很多，有一次，一个营销专家和我讨论什么是品牌，跟我说他看了很多本关于品牌的书，然后给我整理出了十几个概念，我觉得没有这个必要。概念有一个就好，精神领会了就好。

其实品牌就是你与别人建立的关系，别人一看到你，就会想起你可以为他做什么。品牌的核心价值有两个，一个叫区分，一个叫溢价。区分的意思就是，品牌要把你和别人区分开来，比如周杰伦和周杰，就是完全不同的两码事。溢价的意思就是，挂着你品牌的东西可以卖得比较贵。比如说，你写书就没人买，挂上郭敬明的名字就能发行百万册。明白了什么叫品牌，也就知道个人品牌的价值在什么地方了：第一，让别人知道你有什么不同；第二，同样的东西，挂上你的名字会更有价值。

营销大师菲利普·科特勒说，客户买的不是钻，是墙上的洞。星巴克卖的不是咖啡，是休闲。法拉利卖的不是跑车，是一种近似疯狂的驾驶快感和高贵。劳力士卖的不是表，是奢侈的感觉和自信。希尔顿卖的不是房间，而是舒适与安心。麦肯锡卖的不是数据，是权威与专业。品牌要的就是一种感觉，让别人一听就觉得很专业，很高大上，仔细想想，其实也不知道牛在什么地方。

普通人的个人品牌其实也一直都存在，只是一直没有形成体系进而受到重视。比如我们经常会说，自己单位或者行业有一些大牛，有一些人则被称为情感专家、数码专家之类的，大家有什么类似的事情都会去找这些专家寻求建议，就好像我以前也经常被抓着去帮别人买电脑一样，其实我真不懂，但大家觉得我学这个，就肯定要明白一些。这些事情存在于生活工作的各个角落，但一直都没有形成什么商业价值，仅仅是在互相帮助这个范畴内，而事后感谢无非就是吃顿饭、抽包烟而已。

到自媒体时代，一个个小的意见领袖通过各种社交工具，就都变成了大的意见领袖，可以影响成千上万人，也就具有了很强的商业价值。有一次听中国人民大学的一位老师讲课，他说他有一个同事是摄影发烧友，是那种卖了房子去买相机和镜头的人，佳能相机的市场部总监说，他们要出一个新产品，如果这位发烧友上午发个微博说不好，中午吃饭的时候再发一条，晚上再发一条，基本上这个新产品就要被憋回去了。因为更多的不太懂的人，会听从这位发烧友的意见，认为他是最专业的。这就是他的个人品牌，而这就是自媒体时代意见领袖的威力。

品牌的建设有些时候是无意的，有些时候是刻意的。比如这位发烧友的个人品牌建设就是无意的，因为他特别喜欢摄影，就钻得特别深，影响得人多了，玩得层次高了，就成了圈内的意见领袖。做的事情比较多，后来聚焦到了一个点上，就更容易成为这个领域的专家。

44　如何起个好名字

起名字是一门学问，从品牌的角度讲，也是非常重要的。给自己的产品起一个好名字，或者给自己起一个好的花名，对于很多自媒体也好，营销人员也好，都是特别重要的。

名字这个东西大家都知道很重要，但是现在的重要和以前的重要还是不一样的，以前要八字合、好听，但现在则要考虑到传播效果。比如以前的店铺就经常会起名叫恒昌茂、隆鑫之类。现在我公司的名字就叫“万能的大熊”，还有个做传播的公司叫“艾特转评赞”，好记，也好传播。不过要注意的是，在传播的时候不能走样，不能引起误读，最好还要在传播的时候给人留下好的印象，就非常完美了。

比如我的网名“万能的大熊”——首先有个“万能的”，这是一个超级符号；“熊”则是一种动物，在一般人印象中，“熊”是凶狠的动物中比较呆萌的一种，既厉害又可爱；再加上我本人也比较胖——综合来看，“万能的大熊”还是公认的好名字。之后淘宝也弄了一个万能的淘宝，备受欢迎。后来小米用粮食做名字的行动引发了一些人模仿，大家都开始用五谷杂粮、水果之类的做名字了，主要是比较好记。

花名的特点一般是大家会叫名字的后半部分简称，所以我经常被简称为“大熊”。这里就告诉大家不要把名字做逻辑转折，比如起名叫“我不是傻子”，往往就会被简称为“傻子”。“不是黑店”就往往被简称为“黑店”。

起名字一定要考虑到人的思考方式和习惯，汉字、英文、数字和拼音这是几种不同的逻辑方式，一定不要混用。比如说为什么搜狗不好记，因为它的域名是“sougo”，拼音加英文，一万个人里面九千八百多人拼不对。目前唯一例外是“hao123”，我认为这个例外的原因是，“123”属于超级符号，比较好记。

超级符号的意思就是一个人人都知道的概念，你和它贴近，就比较容易被记住。比如有个人名字叫“互电哥”，我说这个不好记，你叫“互粉哥”，就好多了。因为“互粉”这个词，是一个微时代很火的词，就是一个超级符号。有一本书叫《超级符号就是超级创意》，值得做品牌的人看一看。

考虑到传播，一定不要用谐音，因为谐音在口口相传的时候，大家会很难直接理解怎么写，是什么意思。同时要注意，不要用负面的词，因为负面的超级符号很可怕，会让人心理有芥蒂，甚至产生厌恶。一个典型的案例就是一个面膜叫“妖颜惑众”，口口传播的时候，大家不明白为什么叫“妖言惑众”，难道是要骗人吗？等看到字了之后，心里依旧不会很舒服。

因为现在是一个个人品牌崛起的年代，产品品牌、产品名称、个人品牌最好有一点关联性或者统一性，这样比较容易形成合力，也就是很多人喜欢说的矩阵。比如说，有朋友要和我合作玛卡，我自己就起了个名字叫“熊力玛卡”。这个超级符号是小时候动画片《布雷斯塔警长》里面著名的“熊的力量”，同时和我自己的品牌也相关。我自己做效果最好，你抄走了对你也没啥用处。

很多山寨品牌其实深谙此道，只是里面要注意的一点是，模仿并不重要，重要的是模仿时能突出自己的含义。能不能在传播和品牌调性上，达到最佳状态。

还有一个要注意的问题是，比如有一个品牌叫“辣妈奶爸”，这里放了两个完全相反的内容，容易让人迷惑，我建议是叫“美国辣妈”“英国奶爸”这样区分的品牌，美国、英国自然也是超级符号。另一种就好像“黑松白鹿”就好很多，意境很不错，两个不同的东西构成了一个想象空间，也是一个有格调的好名字。

一次，跟广告界的赵圆圆老师聊天，他认为 ABB 这样的名字比较好传播，所以就给自己起名叫赵圆圆，还借了一个超级 IP，让大家联想到吴三桂的小老婆，其实他是男的。他的一个学生模仿他，起名叫姜茶茶，后来也做得不错。所以 ABB 这样的名字也是可以考虑的，我自己则属于“× × 的 × ×”系，其实更有气势一点，定语加名词，比较完整。四字成语就不太好，很难念，没有节奏感。比如有一个电商老师的名叫“近水思鱼”，概念很好，内涵也很好，但是很难念。我也不知道叫他什么好，直呼似乎不太礼貌，也不好叫近老师或者鱼老师，勉强只能叫思鱼老师。顺便，我不太喜欢“× × 哥”“× × 姐”的名字，因为太多了就容易俗。不过在很接地气的领域也可以用，比如卤肉姐、土豆姐，还是挺好的。

45 我的品牌故事

很多人只教别人怎么成功，却不讲自己是怎么做的，我觉得这是非常不厚道的。自身的经验，才有传播的价值，而那些好听的理念，往往没有什么用。所以这里我讲讲我是怎么建立自己的品牌的，也给大家一个参考，也许无法复制，但总会有些收获。

我名字叫宗宁，微博叫“@万能的大熊”，微信公众平台也叫“万能的大熊”，出于SEO（搜索引擎优化，就是容易被别人搜到）和版权的考虑，我写的文章前面都会写“宗宁：”大家可以搜到，因为如果写“万能的大熊：”标题会太长，所以宗宁是我，万能的大熊也是我。这是一个不太好的地方，就是我的品牌虽然尽可能统一，但还是出现了两个名称，这其实会影响推广效率。后来大家都简称我为大熊，之所以以前我没有这么叫，是因为已经有人叫这个名字了。后来因为我越来越有名，于是我开始叫自己大熊老师，后来大家也知道，大熊老师就是万能的大熊了。这是一个命名的技巧。

我之所以前面加一个“万能的”，其实就是我的品牌承诺，大概给人的印象就是我什么都可以做，事实上，我擅长的方面确实比较多，资源也比较丰富，每每合作之后，大家都会说：“哎呀，你真是万能的。”所以我原来的网名叫“大熊座”，后来改名叫了“万能的大熊座”，后来因为QQ昵称超过5个字会换行，所以最终版本是“万能的大熊”。这个“万能的大熊”比“万能的淘宝”的叫法还要早几年，所以后续越来越多的“万能”，其实都给我做了品牌加强。

我虽说家庭条件尚可，父母都是医生，但依旧没有什么可凭借之力，既不是富二代，也不是官二代，没有什么显贵的亲戚，也没有什么像样的学历和专业。虽然法学本科毕业，但我既没有过司考，也没有做相关工作，像我这样的人，被称为没有专业的人，我相信，现有教育体制下这样的人大有人在。所以当你来到一个大城市举目无亲的时候，其实你能靠的只有自己。这是一般人的状态，也许有的好些，有的差些，但应该是一个绝大多数的状态。

不过我读专科的时候有很不错的特长，就是辩论好，拿过省级的辩论赛冠军和最佳辩手称号。而且幸运的是，这个全省比赛就办了一届，我把握住了这唯一的一次机会。这和我之后的自媒体生涯也有异曲同工之处。我从 2011 年 9 月开始在微博上写文章，当时一个月差不多能写 20 篇，后来被周鸿祎推荐，一年后我就入职了 360 公司，完成了逆袭的第一次跳跃，毕竟依我这个学历和专业水平，去这种规模的公司还是挺困难的，这里要感谢微博。再后来，我有一篇文章被刘强东邮件推荐，我一下子在电商圈出了名，之后的文章也越来越被重视，才有了今天的成绩。当然，微信公众号出来之后，我是一天一篇的写作频率，为我迅速积累了一大批粉丝，完成了逆袭的第二步积累。我大概每写一百篇文章，就会有一篇爆款文章，被行业大佬推荐。

所以我觉得，可能你无法拥有我的才华，但起码要学习我的坚持。

我在做微信公众号的时候，发现这个产品其实没有什么销售产品的潜力，但朋友圈可以卖货，然后2013年写了朋友圈营销的第一篇文章《朋友圈的生意经》，可以说这是奠定我在微商领域地位的一篇文章，随着微商逐渐火爆并成为一种现象，我又进入了微商的领域。这个时候，不管是去做微商培训，还是做微商产品，我都可以去赚很多钱，但我还是选择在360公司继续工作一年，因为我觉得，做微商赚钱再多，对我的品牌都没有什么很好的提升。我至今觉得这个选择还是非常正确的，因为在这一年里，我负责了360手游和360儿童手表等智能硬件的营销工作，为我在这两个领域的经验和品牌知识积累，打下了深厚的基础，价值不止千万。其间我花的营销推广费用都有上千万，这种经验不是卖货赚钱可以换来的。而和我差不多起步的一些人，看到这个好赚钱就扎了进去，现在看来，大家的境遇已经天差地别了。所以对我来说，品牌建设还是大于一时收入高低的，因为我知道更好的品牌可以形成更高的势能。这一点，其实就是格局逆袭的要义了。

2015年离开360公司之后，我开始了创业之路。当然，有品牌的支撑，很多事情也就容易了很多，自媒体越来越火，大熊会社群也越做越大，拿到了凤梨科技和伯乐纵横的投资，也给我未来的发展打下了良好的基础。我做了几款电商产品，销售额也达到了数千万元，于是我又开始做新的社群电商模式。

虽有艰辛，但还算顺利。比一般人要容易很多的缘故是，个人品牌的背书和支撑。

所以，我个人品牌的建立是一个不算太长但也很辛苦的过程，但最后的效果确实是不错的，我因此得到了很多，而且品牌非常稳固。可口可乐公司的一位高管曾经说过，哪怕所有厂房一夜之间都付之一炬，只要品牌在，可口可乐就可以东山再起。人也一样，不管我失去了什么，只要我的品牌还在，我就不愁没有饭吃。这也是为什么我让大家也建立个人品牌的原因。

46　创造品牌的基本方法

我简化一下品牌策划与定位的方法，让每个人都掌握一个基本的理念。

第一步，定位。定位是一门很深奥的学问，市面上有很多书都在讲这个东西。简单说，就是你要做一个什么样的品牌。比如摄影专家/美食专家，还可以再细一点，比如土豆烹饪专家。一句话，就是你是个做什么的。

第二步，品牌承诺。这一步非常重要，很多人都把定位看得特别重要其实是有问题的，因为承诺比定位更重要。所谓品牌承诺就是告诉别人，我这个品牌能做到什么程度。比如之前我有一个美睫师朋友，她的品牌承诺就是，她做的睫毛，一个月不掉。这个承诺是非常重要的，因为这是你品牌的内容支撑。后面就是品牌规划和品牌文化了，也就是说围绕你的承诺，你要做哪些服务或者举措来保证你的信用，保证你一定可以实现你的承诺而不是忽悠。久而久之，在执行中，就形成了品牌的文化，最终形成了品牌优势。

这套品牌建设的流程，放在任何一个领域，都是适用的，个人品牌也一样。比如之前我的品牌承诺就是每天在我的微信公众平台更新一篇文章，坚持了不到三个月，就增加了一万个粉丝。而很多人都觉得公众平台的粉丝非常难做，原因就是，公众号没有定位，没有承诺，自然也就不好传播，然后就很少有人愿意关注，如此恶性循环。当然，我遇到的更多的情况是，他自己根本做不到自己的承诺。不止一个人跟我说要每天写一篇干货文章了，基本能坚持过一个月的都没有。所以，还是不要瞎承诺比较好。

一般说来，每个人还都是有做个人品牌的基础的，因为资质再差的人，也有自己的特长，他也许写字好看，也许擅长带孩子，也许擅长做饭，这都不是太难的事情，高端一点的，可以擅长英语、翻译，甚至看病诊疗。有时候自己的职业就是一个特长，爱好也可能是一个特长，养猫养狗总不需要什么大的投入，用心就可以成为专家。我的一个合伙人，救助了上千条狗，自己还养了几百只，在养狗领域算得上很专业了，所以我决定投资她做一款狗粮。这也算是个人品牌带来的价值。

其实总体而言，做个人品牌基本就是做自媒体，自媒体虽然是近几年的新概念，但很早就有类似的形态产生了。从博客开始就有了“百万名博”的概念，但这时候的内容还有很大的局限，你的作品依旧依赖于平台的推荐，商业化的通路也比较少。到了微博时代，用户开始掌握传播的渠道，微博大号已经不太受平台的限制了，只要自己内容做得好，粉丝喜欢看，就会有价值，包括商业价值。缺点就是微博信息还是“流形态”的，无法每篇都送达自己的粉丝眼前，无法形成系统的传播。而微信时代，则终于完整地创造了自媒体的闭环，从写作到粉丝关注，到一对一推送，到朋友圈分享传播，都已经完全可以自主进行，于是自媒体也就有了最成熟的发展环境。这让人人都具备了打造个人品牌的基础条件，而无数的意见领袖，也活跃在不同的自媒体平台上。草根的逆袭大幕就此拉开，更多的上升空间也因此而打开。

微博上的大号赚钱，已经是公开的秘密了，一年收入几百万并不罕见。微信公众号，基本已经是明码标价，稿酬要比传统媒体高不知道多少倍。微信朋友圈，做电商的朋友我认识的有一个月做几十万到几百万元流水不等的也大有人在。QQ 空间的日记写手，年入百万的也不在少数。而一些自媒体做得不错但还没有什么名气的人，很快就被大公司挖走了，创业了，最后不但赚钱了，还得到了行业的肯定，未来之路也是一片光明。就这样，很多人都从名不见经传的小兵，成为行业内炙手可热的人物。

说实话，打造自己的自媒体品牌是一件公平的事，有本事的可以找到逆袭的入口，就算你没有本事，试试也没有坏处。

伟大的成功肯定无法复制，小处的进步，其实只是方法问题，多一个思路，就多一条出路。我把这个思路分享之后，很多朋友都开始尝试做类似的事情，效果都不错，自己的生活和事业或多或少都有了不小的提升。所谓大财靠运，小财靠勤，爆发很难，进步并不难，进步多了，往往发现自己也就悄然逆袭了。

47 文案只是品牌营销的基础

总看到很多人讨论文案的价值，就好像很多人喜欢写文章去评论一个公司应该如何公关应对一样。他们的共同点就是，他们都没实际干过。然后转型的方向大概就是培训和咨询，因为这样才能不至于真的和销量挂钩，不然你让他卖什么东西，那就一下子露馅了。这就好像很多营销大师讲理论案例都是一套一套的，微博粉丝都是成千上万的，转发评论却几乎是零。你说这么厉害的人，为啥自己就做不起品牌来呢？

所以你要是觉得他们是对的，也无妨，别照着做就好，不然死都不知道怎么死的。如果文案真的那么有用的话，凉茶都挂上“怕上火喝王老吉”，是不是都可以卖成王老吉那样呢？所以，文案看着好的公司，销量仍然不尽如人意。苹果手机的文案听着一般，一样不影响疯狂出货。当然，有人会说，你看某手机就不错啊，文案好，卖得也好啊。我只能说，它最大的成功是把粉丝从人群中挑了出来，然后把货“倾销”过去，这不叫文案好，这叫降维打击。所以文案好往往是销量好的倒推结果，属于打哪儿指哪儿，这和定位其实差不多，都是分析成功案例的定位或者文案多么牛，很少有人说，我给你一个正确的定位或者文案，一定能做火。开什么玩笑？一定火，为什么他自己不做呢？

在品牌建设中，文案确实会起到一定的促进和转化作用，但想指望这个逆袭是没戏的。我曾看到一群人讨论京东什么样的文案可以大大促进销售，我说这一点天猫的“双 11”已经告诉你们了，所有产品打五折。你别管真打还是假打，起码大家信了。至于这句话的文案技术含量，精准吗？贴切吗？有创意吗？

之前有些文章也在讨论各种文案的事情，比如说市场充斥着很多不说人话的企业，我们应该让文案更加接地气一点。实际上，你会发现，并不是市场上的企业不说人话，而是不说人话的人在占领市场。比如当 iPhone 6s 又大肆席卷市场，销量同比增长 30% 时，它的广告语是“唯一的不同，是处处不同”，这要按照我们文案的标准来看，基本算零分文案啊。如果你非要给它一个解释，那么只能说，对于品牌来说，格调比实际的表述更为重要；而对于非品牌来说，更精准的解释的唯一好处就是降低传播成本，一遍就让用户记住具体优势。

很多文案讲座为什么看着非常好？原因也很简单，因为它让你觉得营销结果更趋于理性。经济学的很多前提都是基于理性人，其实就是做事有逻辑，有道理，可以分析推导。营销也是一样的，大部分人尤其是女性，购物时都是非理性的，你给她一个理性功能文案之类的，其实和随便写写区别不大，男人喜欢谈性价比，女人只要保时捷，你不懂这个道理，去谈什么营销？那不过是水中望月，纸上谈兵罢了。

比如，如果是要促销，什么样的文案最有效？找张黄纸或红纸，用毛笔写上“老板跑路，给钱就卖”“店铺转让，要钱不要货”远比印刷精美的“真皮材质，能用五年”“大师设计，卓越不凡”之类的文案要有效得多。其实非理性的东西远比理性的东西有技术含量，因为它更接近天赋而不是努力。人类天生有一种“病”，就是天生渴望确定性，大家希望能有一套办法教给自己，或者看本书，或者看个文章，或者通过一次培训，就能学会疯狂地卖货。我只能说，你死了这条心吧。卖货是一种综合的能力，不要指望精通一项就能搞好。而咨询和培训就不一样了，找到你能“忽悠”住的对象一通“忽悠”让少数人掏钱就好。所以你会发现，大量的营销文案专家都把重点放在咨询和培训这些无关结果的东西上，而真正的营销高手都在卖货，当然货不仅仅是实物，还有各种虚拟的资源、场景或者影响范围。

其实对营销效果起决定作用的还是资源（渠道），其次是产品和运营，文案只是表面，就起个好看的作用。对于企业来说，排名应该是品牌、产品、运营、公关、市场、文案。

48 大佬的推荐事半功倍

终于有机会当面感谢了刘强东先生对我的启发和帮助，一种还愿的感觉。

一次到央视参加了《对话》栏目的录制，那一期的主人公是刘强东。这让我想起当年我与刘强东的一点渊源。多年前的一天晚上，大概 12 点的样子，创业家的小编找到我说：“大熊老师，京东新一轮融资成功了，你要不要写点什么？”虽然已经很晚了，我还是写了一篇评论，差不多写到两点钟，就交给编辑了，这样保证了第二天一早就可以在网站发布出来。第二天一早，小编找到我激动地说：“你的文章刘强东回应了！”然后就看到了那封被称为“有 n 个叹号”的全体邮件，题目就是《最近 3 年唯一一篇写对我的心路的文章》。可以说，这篇文章一举奠定了我在电商界的地位，毕竟都和大佬想得一样了。这种全体邮件表扬一篇文章的事情，可能这么多年，这么多作者，就发生过这一回吧。

这件事情给我最大的收获就是，要是有文章要写，一定要趁早写，再晚也要写完。如果当时犯懒，第二天再写，可能就没有这样的机会了。所以，上天总会眷顾努力的人吧。当然，你也要知道，那时候我差不多已经写了四五百篇文章，被大佬点名的，大概也就 4 篇，这一篇是影响力最大的。周鸿祎也点过两次，对我帮助也很大。可以说，这两位大佬，对我的影响都很大。

其实我觉得对一个人成长影响最大的，就是听大佬讲话，时间越长越好。听老周（周鸿祎）的聊天估计有几十个小时了，那次参加节目，听刘强东聊了两个小时，都有很大的收获，当然老周还是最棒的，我听他说话他还要给我发钱。不过重要的其实不是他们说了什么干货，而是他们如何去思考和应对问题，这种思维方式，价值万金。至于说结论和方法，倒是只能参考。那天我还问了刘强东一个问题，问了他企业在不同人数规模的时候会遇到的瓶颈和突破的办法，一个肯定的答复是，有 10 个人的公司不需要管理，有价值观就可以了；千人、万人的时候才是最困难的。而这其中，刘强东对一些问题的回答，也让我很受启发。比如投资企业价格折半的事情，比如前员工问创新战略无法落地的问题，我觉得都是很难回答的问题，他也轻描淡写地就回答了。

可以分享答案给大家。关于投资企业价格折半的问题，他说，他投资不看近期财务回报，十几二十年也不会退出，他看重的是对自己的整个企业布局有什么帮助。关于创新战略无法落地的问题，他说，创新太多太快容易丧失初心，反而忘记了本该做好的事情，所以很多创新的东西，并不是京东的核心追求，京东的根本还是在于零售，和零售相关的整个模式建设，才是最重要的。大概的意思都是一样的，不要计较一城一地的得失，重要的还是布局。尤其是在物流层面，大件、中小件、生鲜三大物流体系，京东会再花几年的时间完全建成，最终会爆发更大的力量。我觉得回答问题难，因为是从技巧和公关层面去考虑的，而刘强东回答得很轻松，是因为他是从价值观层面回答的。当然这也是我一贯坚持的，只要你说的都是真话，就不用记得曾经说过什么，也不会被人打倒，逻辑永远不会打败事实。

坦白说，通过谈话听到一个人的格局，对你的提升才是最大的，沉溺在干货之中的，其实都是最初级的学习和最初级的分享。

这里还是附一下当年的我那篇文章和刘强东的邮件回复内容。大家可以感受一下历史，然后再看看现在，大概会明白很多事情。一个人的所想、所说和所做，还是要高度一致，才能走得更高。而对于我来说，其实看到了一个更大和更艰辛的世界，对自己小富即安的心理也有很大冲击，做好更充分的准备去挑战，这也是我需要努力的方向。刘强东做京东接近 20 年的时间做到今天的高度，最大的原因是因为坚持。希望这些分享会对大家有帮助。

附一：我写的评论文章原文

不死京东的收官之战

2 月 16 日晚间消息，京东商城确认完成新一轮约 7 亿美元的普通股股权融资，投资方包括本轮入股的新股东加拿大安大略教师退休基金和来自沙特的王国控股公司（Kingdom Holdings Company），京东的一些主要股东亦跟投了本轮。这样，京东到目前的融资总额已经达到了 23 亿美元之多，融资金额已经达到了一个比较惊人的数字，更让人震惊的是，在现在这个显然萧条的年景里面，还能达成这么高额的融资，无疑让竞争对手想死的念头油然而生。

唱空者的坟墓

无论是什么原因，唱空京东一直是电商界比较盛行的口径，很多人一路看衰京东过来：扩张类目的时候说扩张必死；自建物流的时候说自建必死；卖书的时候没说死，反正也不看好；现在卖车搞机票酒店了，又说不垂直必死；平台化了，又说平台必死——一路必死过来，京东还是活蹦乱跳。

最知名的唱空者也是京东的主要竞争对手当当网 CEO 李国庆，在 2012 年就有两次著名的唱空喊话。第一次是在 2012 年 3 月，说京东的钱只能烧到七八月，第二次则是在第一次预测失败后的 2012 年 11 月，他预言京东再融资也只能烧到次年的 3 月。而在 2013 年 2 月中旬，京东再次到账 7 亿美元，显然就是用钱生火烧锅炉，烧到 3 月也毫无问题。而唱空者的每每落空，让所谓的专业人士显得更像一个诅咒的怨妇，至少前两次唱的时候，大家还以为他真懂。

2012 年显然是电商小年，随着经济的萧条和紧缩，电商行业挤出效应明显，小型垂直电商纷纷倒闭或并购、转型，而另一个电商明星凡客七轮融资之后，业务停滞明显，上市无望只得瘦身自保，业务增长明显放缓。

在淘宝的强势倒流量之下，富二代天猫的发展还算不错，只是平台类B2C终究和自营还有很大差别，所以尽管销售额较京东更高，比较的意义却比较小。苏宁高额融资从资本市场抽血大力发展电商确实崛起迅速，但显然距离自己设想中的目标还比较远，而且用户搬家比较明显，把用户从线下实体店搬到线上等于是在革自己的命。而在资本市场萧条和股东压力巨大的情况下，这种烧钱的买卖还能坚持多久，显然让人心生疑虑。当然，即便如此，目前苏宁易购的销售额也只有京东的四分之一，增长速度也没有京东快，问题却暴露了很多，并没有露出可以与京东一战的王者霸气。

其他电商的声音都比鼎盛时期小了很多，基本都在自保的困境之中，或者易迅这样的“富二代”喊得虽响，数据与现实却差距太远。京东回头看去，几乎已经看不见对手的身影，而所有人都咬着牙在等京东油尽灯枯再上去分食，结果京东宣布第四轮融资成功，让远望者一口甜血涌上喉头。

京东的价值

2012年，京东的销售额超过600亿（约合97亿美元），较2011年（34亿美元）增长率仍接近200%，这一点是国外投资人比较认可的，虽然仍在亏损，但这种增长速度，依旧显示了其比较大的想象空间。如果说以前还认为京东是中国的亚马逊有些缥缈，现在的形势则已经变得十分明朗。

在大环境的萧条下，京东这种依旧高速的增长突显了弱市场下的挤出效应。同样的事情也在团购领域发生，在团购倒闭大潮中，美团的月销售额却创了7亿新高。萧条市场下，各电商网站的用户纷纷向领头羊集中，京东扮演了一个收割者的角色。越是弱势的市场，领头羊的优势就越强，这也深刻阐述了“危机”一词的含义。在市场高度繁荣的时候，百花齐放的时候，京东没有一统江湖，在市场萧条的时候，却可以一举奠定领军地位，从战略的角度来看，有很强的示范意义——那就是用正确的烧钱建立长期的优势。

普通意义的电商，说白了就是流量竞争，得流量者得天下。稍微有些头脑的做做品牌，比如凡客。京东则下了很大的功夫在物流和供应链上，这一点远见和耐心，是其他电商无可比拟的。虽然凡客也看到了这一点，并在如风达上也做得不错，但凡客的客单价和毛利率成了先天的制约，其实比较可惜。因为走对了，没坚持下去。其他人则死不足惜，属于坚持地走错了。

在京东深挖基础建设的时候，大家都在沸沸扬扬地融资、炒作、买流量，在京东推崇品牌建设的时候，大家却有些后继无力，苦等京东倒下，而在寒冬中电商竞争的最后关头，京东再次融资成功，而其他人却已经奄奄一息。本质上，其实并不是一个融资多少的问题，而是有一种田忌赛马的意味在里面。

良好的物流供应链带来了良好的用户体验，低成本高效率，单月库存周转只有 20 多天，是亚马逊 40 多天的一半，这些都不是一朝一夕可以建立起来的，而一旦建立起来，就是京东的价值，就是壁垒。

电商收官之战

电商是趋势，大家都知道，但做趋势往往死得更快，因为很多时候你分不清是形势让你起飞，还是本事让你起飞。当你错把形势当本事的时候，形势变了，自己就有可能会从高空跌落。所以决定胜负的，就是坚持，大家都快渴死了，突然竞争对手捡到一桶水，这种绝望比饥渴更可怕。想必当当强行从客户账户中扣钱做活动促销就是最后的竭泽而渔和坚持到底的殊死一搏。可惜在京东的融资成功的情况下，涸泽是完成了，鱼也生气了，而且无法保证自己能够坚持到底。

而这个时候，大部分人已经丧失了反抗的能力，京东也进入了收官阶段，在内在价值和外在资金都占有巨大优势的情况下，几乎没有人有能力翻盘。而阿里拿出的1000亿去做物流，没有三五年，也不会成形，而三五年后，是什么局面，谁又能预料呢？

萧条环境之下的此消彼长尤为可贵，电商大战到了最后基本也可以盖棺定论，京东年前提出的“休养生息”战略基本上已经对这种情况做了预判，以现在的形式来看，能打败京东的，也确实只有京东自己。

一点启发

电商大战到了最后，给我们的启发其实也很简单，那就是认真做价值远胜于表面的喧嚣。这一点放到其他行业也都成立，各行业最后剩下的往往就是坚持做价值的，而靠炒作一时大火的很多人往往会倒在最后一公里。

京东在战略上的取舍精准也很值得学习，无论是在对物流体系的用心上，还是在融资策略的强硬上（刘强东的融资要求是自己必须掌控董事会），还是在每一个品类的开拓上，以及为了应对高速发展，对冗余员工体系的管控上，实际上都可圈可点。很多人认为电商就是烧钱，是完全错误的，要成功永远是要正确地烧钱。就好像同样拿到几千万美元风投，美团可以实现年销售额 60 亿元，24 券则欠了一屁股账倒闭了事。所以对于 CEO（首席执行官）而言，最重要的能力还是驾驭投资的能力。

附二：2013 年 2 月 17 日，刘强东给京东员工的内部邮件全文

最近 3 年唯一一篇写对我的心路的文章

各位同事，这篇文章是最近 3 年，唯一可以阐明我们过去多年埋头苦干的精髓所在：我们在进行价值投资！

几年前我说过：一个能够为客户创造巨大价值的公司永远不会失败！文中提到的我们过去几年的几件事情：物流、信息系统、品类扩张！点评都很到位！值得一读！

如果我们 2007 年不开始投资物流和信息系统，我们 2007 年前都是赢利的，那最多是个赚钱的成功个体电商而已！ 如果我们不进行品类扩张，我们 2010 年就可以实现微利！那只是一个成功的 3C 垂直电商而已！如果我们不在 2010 年就开始筹备 POP（Platform Open Plan）业务，去年就可以实现季度赢利！那只是一个成功的电子商务公司而已！ 而我们真正做的是平台!!! 一个和阿里完全不同的平台!

两年前我就说过：未来，我们所有业务都要平台化！所以后来我们陆续开放 Web（网页）、物流、信息系统，同时布局金融平台业务（这些业务前 3 年都是亏损的）！我们今天投资的所有业务都将

向社会开放，都将成为一个又一个平台！最后形成一个庞大的平台网络！未来的商业纷争必然是平台之战，背后是价值之战！ 谁到最后真正能够为客户带来最好的用户体验从而为客户创造更多价值？比拼的是最终谁能够保证产品质量、服务更好、价格最低；谁到最后真正能够为合作伙伴带来更低成本、更高效率从而为他们创造更多价值？比拼的是供应链服务能力等，谁到最后真正能够为社会创造更多价值？比拼的是有质量的就业、税收贡献等一切合法化、阳光化。谁能带来更多价值谁就能笑到最后！

我们会继续围绕“价值”为中心进行持续的、一切着眼未来进行投资！今天花掉的每一分钱，将来都会 10 倍、100 倍地赚回来！

融资不是一个技术！没什么值得高兴的！有了钱未必行，但是没有钱万万不行！本轮融资已经到账，迄今我们的账户上最多已经拥有超过 150 亿元的现金储备！（依赖强劲的现金流，前面的十几亿美元一分钱都没少，还多了十几亿人民币）这些钱将会保证我们不必顾忌短期财务表现，立足未来进行长期投资！ 新年是一个全新的开始！让我们继续并肩战斗！为我们的理想和梦想而战！ 兄弟们！现在还不是我们笑的时候！等到山花烂漫之时，我们会笑得更加从容！笑得更加阳光！ 春天已经来了！山花烂漫之时还会远吗？春天已经来了！山花烂漫之时还会远吗？

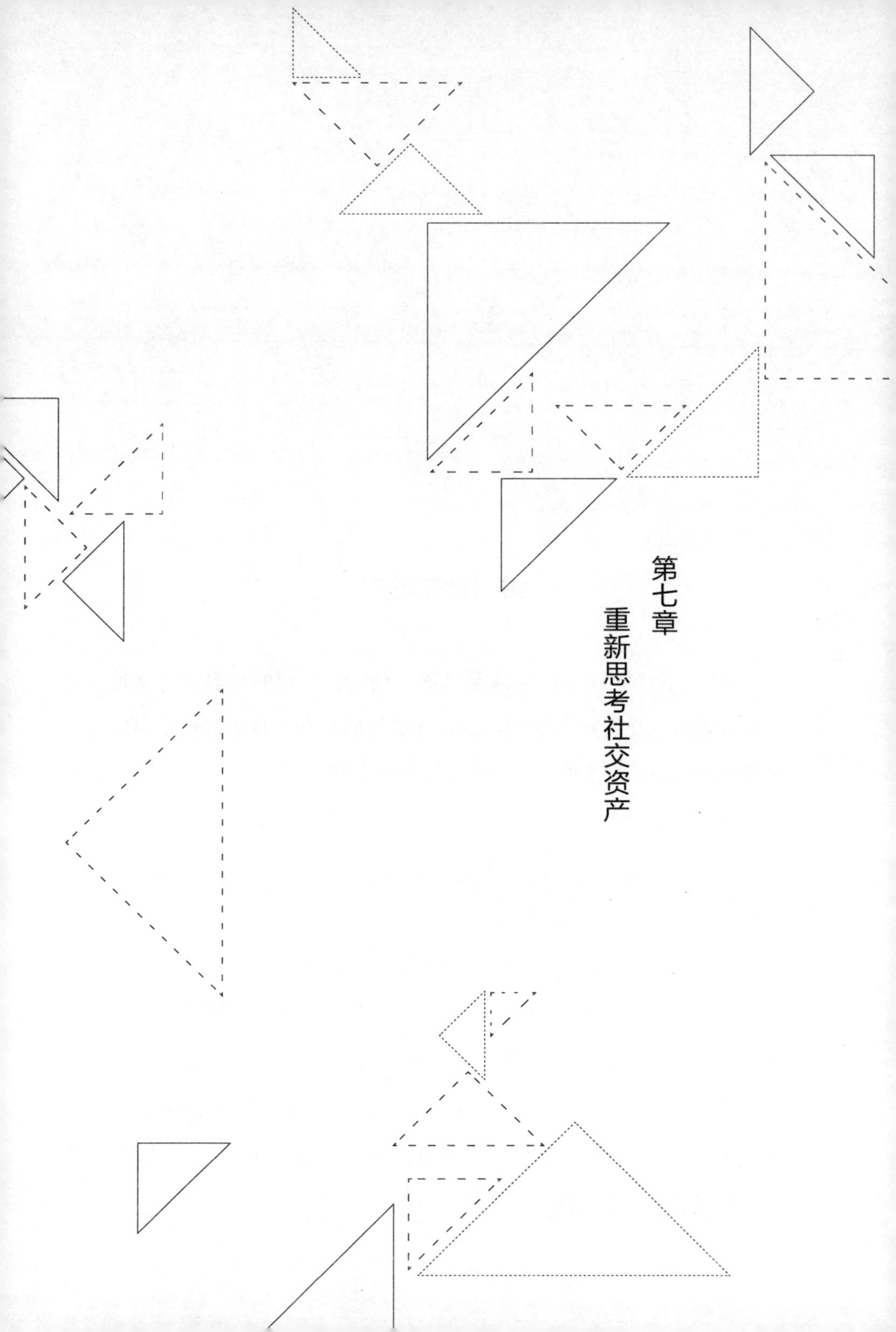

第七章 重新思考社交资产

49　社交资产

“社交资产”这个词应该是微博首创的，大概的意思是，某地旅游行业的社交资产即它们当地社交账号的总和。我觉得这个提法是非常正确的，但是这个概念却有更大的外延。

很多人在讲社交时代、社交电商，以及关于社交的种种，大部分讨论的都是粉丝经济或者粉丝营销，很少有人关注社交资产。粉丝经济或者粉丝营销的问题在于，这种思想依旧是传统的流量思维，而非社交思维。大家还是把粉丝看作流量，并通过各种方式进行转化，然后把产品卖给粉丝。这种商业模式相当不长久，比如说某知识付费平台，之前卖书很快遇到了瓶颈，现在卖音频，又很快遇到了瓶颈。从卖书到卖音频你能说这是一种创新吗？其实并不是。如果你做过微商就知道，这只不过是上了一个新品，然后重新洗了一遍代理。

这也就成为微商的一个重大课题，就是“不上新品能不能持续经营”。目前看来，微商就是靠不断的新品推动的。然后我们再去看粉丝经济或者网红电商，同样都是新品在不断驱动，或者说都是一种爆品策略。类似一款万宝路卖几十年的事情，在社交电商领域恐怕不会发生。

这里我们就要思考一个问题，社交电商究竟是在卖什么？卖的是产品吗？你只能说载体是产品，社交电商卖的并不是产品，卖的是一个人格背书。消费者买的可能是一件产品，但更多的是一种价值观认同。所以我们就可以理解很多粉丝的不理智行为，比如说买了某一款手机就成为其粉丝，就替这款手机在微博上到处对抗他心目中的竞争者，甚至最后被竞品起诉。从我的角度来说，这更像是一种心理疾病。毕竟之前我们总笑话别人被卖了还帮人数钱，而现在大家不仅仅是自己花钱买东西，还要帮企业去喷人咬人，这很难用正常的经济规律或者知识来解释。

我在这里提一个概念，大家贩卖的其实都是自己的社交资产。

社交资产的内涵比较丰富，比如它是一种人格的背书，或者说它代表了一类人心中的幻想，再比如说它代表了一类人的不满。总体而言，社交资产更多是基于一种情绪，而你能够满足这些人越多的类似情绪，你就能够积累越多的相关资产，最终可以通过产品的销售或者服务收费来进行社交资产的变现。

比如说有人喜欢代表年轻人，抓住了年轻人没钱的心理，做一些便宜的产品，赋予它极客的内涵，或者说劝他们不要买房，并给房价赋予一种邪恶的外延，从而得到了年轻人的喜爱，然后就卖出了很多自己的手机或者图书。其实年轻人买的并不是手机或者图书本身，而是自己是个极客或者是有知识、有见解的人的形象，这成为社交时代的一种特别现象。其实这种现象也并不是现在才有的，只不过过去大家都是通过广告的形式来赋予一个产品额外的属性，比如发财了就开宝马奔驰，成功了就要买什么样的东西一样。这种塑造心灵归属的成本本身是很高的，所以之前都是在比较高端的品牌上才会出现。但社交让这个门槛大大降低了，所以更多的低价产品、小公司的产品也开始利用情怀感召来贩卖自己的产品，给更广泛的普通人。

当然，社交资产不仅仅限于此，只是这些方面更加的极端和抓住人性的弱点，所以才做得更大更成功一些。一些专业人士的社交资产同样不可小觑，但这种影响力往往局限在行业内，所以不为广大群众所知。这里的社交资产可能和之前的牛人、社会活动家有些相似，它一般基于人脉而非社交网络平台。但社交网络平台大大改变了这个领域的玩法，很多微博上的“大 V”也被行业认可，成为某个领域有话语权的人，同时拥有了同样的社交资产，甚至在变现上更为容易。因为之前的人脉变现往往要通过拼缝办事，中间总会出现很多问题。而现在做个广告、发个朋友圈也可以变现了，就让流动性好了很多。

我们相信任何一种价值都来源于交换，比如说你的工资来源于你的劳动。但社交时代最大的好处就是你可以销售很多虚拟的价值，比如说你的见识、你的知识、你的经验以及你的判断等。这使得通过虚拟实物变现成为可能，而这些用来变现的东西，我们也通称为社交资产。因为只有在社交平台上，这些东西才可以变现。所以说社交一直存在，但玩法日新月异，尤其是赚钱的方式，也在不断更迭。想要社交变现，你首先就要有社交资产。

50 社交资产的种类

社交资产的种类非常丰富，我认为能够用来变现的都可以被称为社交资产。这种社交资产主要分为两大类，第一大类是直接变现的，第二大类是背书变现的。换句话说，第一大类是直接可以卖的，第二大类则是通过让别人相信来让别人买单。

这里，我们要记住一点，尽管货币资产看似是虚拟的，但实际上是有边界的。比如说，你相信我是一个有知识的人，你也愿意购买我推荐的书，但是你不会无限购买我推荐的书，这是有上限的。这种上限可能源自你的经济实力，也可能源自我的付出积累。这就好像我们在过去讲的借钱，有一句话说某人借遍了所有人再也借不到钱了，这从本质上就是一种社交资产的完全变现。只是现在社交工具大大扩张了人们的社交外延，使得社交资产得以不断扩大，也就出现了商业模式的可能。在之前的社交环境中，一个普通人很难通过自己认识的人实现财富增长，大部分情况下只是用来应对风险。比如说孩子考上大学了，家里人得病了，都有可能是通过村里朋友的接济来解决问题的。相应的，如果其他人出现这样的情况，你也会帮忙。这是早期社会的社交互助模型，也是早期社会的社交资产变现方式。

这里有一个很有趣的现象，就是大家在社交中更愿意相信半生不熟的人。如果是陌生人，我们常常提防；如果是熟人，有意思的是也会常常提防。从我的角度来理解，熟人，意味着你们之间的社交交换比较充分，大家可能不太愿意再为此付出金钱。比如我和某人玩得非常好，我们经常一起做很多事情，那我觉得可能不需要再花钱来增进我们的感情。而如果这个人和我不太熟，但我对他又有一定的认知，我从内心里是渴望和他建立新的关系的，这时候如果他有资金上的需求，我反而可能会慷慨解囊，比如说借给他钱，比如说购买他的书，比如说参与他的项目。从这个角度来说，中国人往往对熟人过于苛刻而对陌生人又太友好。而从我们之后会讲的微商等各种营销来看，中关系成交都是核心，而熟人和陌生人之间反而很难做生意。

直接可以销售的社交资产很多，见识、知识、经验、判断等都可以用来销售。很多社交平台上都有付费问答的模式，而大家愿意花钱去问问题，本质上就是在购买你的社交资产。当然这需要你有一定的知名度，换句话说就是要有品牌，不然大家都不认识你，怎么会花钱问你问题？这种直接销售的社交资产有很多模式，比如付费问答、付费订阅、付费见面等，这些模式实际上都是互联网工具帮助其解决了付费工具或者流量来源。如果再往深说，自媒体平台解决了粉丝的问题，而意见领袖还可以通过其他的方式来持续变现，比如说社群变现，通过让大家付费组织一个社群为大家提供服务。这种模式实际上也是我们这里讲的主要模式之一。但从前提来看，首先还是要成为一个知名人士，你的名气会让你的这些见识、知识、经验、判断等变得有价值。当然后续我们会讲如何积累自己的社交资产。

第二大类就是间接销售的社交资产。所谓间接销售就是不直接贩卖，而是通过背书其他载体来实现销售。比如说某“大 V”推荐一个产品、推荐一本书、推荐一个机构、推荐一个旅游景点等，实际上都是在贩卖自己的公信力。通过这种公信力背书之后实现了产品的销售，这就是一个间接销售的社交资产。间接销售社交资产相对来说更为容易。因为这中间存在一个产品的价值，也就是说大家付费首先是获得产品的，所以就比直接购买你自己虚拟的知识经验要容易很多。简单说就类似于买一本书上面的名人推荐，而这种推荐实际上消耗的是名人的社交资产，但因为是用背书的形式，所以未必会给他带来资产的损耗。如果这本书确实不错，反而会增加他的社交资产，这就是间接销售的社交资产的与众不同之处。当然这和明星代言也有共通之处，实际上企业找明星代言，本质也是在购买明星的社交资产。尤其是在近几年，大家往往会诟病小鲜肉的片酬过高。但这件事的本质并不是片酬过高，而是在购买小鲜肉的社交资产，实际上支付的不是片酬而是宣传费用。因为小鲜肉是自带流量的，他们有丰富的社交资产，他们的演技并不值钱，但是他们的社交资产所带来的粉丝关注是值钱的，所以这种诟病并没有道理。这事实上也是当前社交平台带给小鲜肉的一种红利，因为之前的老演员们，大家可能看他们眼熟，也钦佩他们的演技，但对他们没有什么其他的感情或者喜爱，他们也就不具备票房号召力，只是获得一个单纯的演出报酬。而有票房号召力的顶级巨星片酬也都是很高的。

事实上，现在的社交平台让一个普通的小鲜肉也能通过社交来实现之前顶级巨星的影响力。这同样可以说是一种逆袭了。毕竟之前的顶级巨星诞生是非常困难，需要无数的投入、作品和机缘巧合，但在现在的社交时代就会容易很多了，有时候会写段子都会大量“吸粉”。

所以，社交资产简单可分为这两种：主动销售和间接销售的社交资产。这主要还是从变现角度来区分的，而我们讲的社交变现，核心就是社交资产的变现。因为每个人都有社交，所以每个人也都有自己的社交资产，只是大部分人不知道如何把这些社交资产用来变现。通过经营这些社交资产，我们还能够实现社交资产的增值。而普通人的逆袭，因为缺乏资金或者资源，所以利用社交资产变现几乎是唯一的通路。

51 社交资产的本质

社交资产的积累本质上就是信誉的积累，凡是可以产生信誉的东西最终都会变成社交资产。社交资产只是信誉通过社交平台的一种变现方式，这有别于信誉通过传统的金融渠道进行变现，但两者也有很多相似之处。

金融上的信誉变现是你的偿还信誉，银行或者机构愿意借钱给你是因为认为你有还钱的能力。同时会用你的资产进行抵押，一旦你无法还款，那么就会收走你的资产。这种模型的门槛是相当高的，需要考察你的学历、工作和收入状况，还要有相当的资产作为担保。这对于普通人来说，是一件很困难的事情。而后来出现的网络借贷平台事实上唯一的创新就是降低了审核门槛，让更多的人可以通过信誉来借款，比如学生以自己的毕业证为担保来借款，发展到了极致，甚至还有裸条裸贷的。

而社交资产的变现并不是这样的，相同的地方是同样需要有信誉担保，不同之处是变现的金额是不确定的，变现的方式也是多样的，随机性更强，而换到的金钱没有办法衡量。可能选错了方式，就变现得很少，也可能选对了领域，一下子暴富。这和金融上的信誉借款是有很大区别的。因为社交资产变现的时候收获的不仅仅是金钱，同时还会有信任。如果能够善用这些钱的信任，其实可以做出很大的成绩来。

所以社交资产更像是一种信任资产而非简单的信誉资产，换句话说，就是你说的话多少人会信，然后多少人会支持你。你用你的社交资产换来的是钱加信任，很多人不但会出钱，还会尽他们的能力去协助你。从另一个角度来说，如果光去还钱，那就太浪费这份信任了，最好让相信的人不但出钱还要参与进来，才会有更好的效果和更大的影响。所以从一定程度上说，有点类似众筹，大家众筹的不仅仅是钱，往往还是付款人背后的资源合力。如果单纯众筹钱，可能意义就会小很多。如果发动大家出钱出力去做一些事情，才能创造更大的价值。

当然，信任是无法透支的，因为你的社交关系不但给了你信任，还给了你钱，一旦受到损失，就会丧失对你的信任，也会最终影响到你的品牌。所以社交资产变现的时候一定要谨慎，力求有最大把握可以获得成功。如果能够让参与者获得成功，那么你还会积累更多的社交资产。这其实有点像庞氏骗局。庞氏骗局为什么能够做很大？往往是因为它不仅仅骗钱，前期还会把钱返给你来换取你的信任。当你觉得你的返利非常稳定想要加大投资的时候，往往就到了要崩盘的边缘。所以很多骗局前期会利用社交资产的积累，用一些小恩小惠让消费者上钩，而后获取更大的不良利益。所以在这方面的投资或者运营，不但要慎重，而且需要睁大眼睛做出更符合趋势的判断。

从这些角度来看，社交资产就等于信誉可以换来的资金和信任，一方面人活着会不断增加这些社交资产，另一方面，有些人珍惜名节，不愿意做用名声换钱的事情。而有时候，我们突然看到一个人获得了很快的成功，其实都不是朝夕之功，而是长期积累的社交资产变现。比如说吴晓波一开始做自媒体和社群，就有很多人愿意关注和参加，其本质也是把这么多年积累的社交资产变现了。

当你了解了社交资产的本质，也就抓住了社交资产变现的关键，比如变现的途径，再比如如何持续增长自己的社交资产以形成一个正向循环，而不是滥用社交资产最后导致众叛亲离，名声扫地。从另一角度讲，所谓的骗子，都是社交资产的积累好手，他们通过各种积累骗取别人的信任，又用各种方式把钱套出来。但是他们不注重积累，基本就是一次变现然后就消失不见了，所以在手段上更为极端一些。

对于我们普通人来说，经过一些自身品牌的运营，内容的输出，建立起自己的社交资产，并且通过一定公关广告销售的方式变现，是一条比较正常的道路。特殊情况下，还可以建立自己的社群或者团队，持续放大自己的社交资产，这也是我们主要提倡的变现模式。

52 社交资产的积累

如何积累社交资产，其实会成为未来人们发展的一个非常重要的事情。很多时候，很多爆红的商业模式里面，都有积累社交资产的方式和影子。我们用微商来举例，秀朋友圈、炫富、开会、找大咖站台之类，其实都是在增强自身的信用背书，从而带来信用资产的积累，最终实现变现。

如果你是普通人，那么这些方法有用吗？当然有用，你的朋友圈里面有你的同事、客户、上级，你除了晒自己的生活、小孩之类的事情，你也一样可以晒一下自己的进步、学习、参与的高大上的活动，给你朋友圈里的人一种你很积极向上、聪明能干的印象，这也会影响你后续的发展。所以从这个角度来说，你千万不要晒负能量、抱怨之类的内容，别人看了并不会同情你，反而会觉得你这个人缺乏担待和能力，甚至价值观有问题。那样就很麻烦了。从前人和人的第一印象都是面对面，现在人和人的第一印象可能是朋友圈或者微博了。

社交资产的积累主要来自几个方面，我尝试总结和列举一下，大家可以在这几个方面进行努力积累，就可以为今后的逆袭或者变现打下良好基础。

首先是身份的加持。有一些职业是具有比较高的社会地位的，比如医生、老师，都比较容易被人接受，获取信任。所以在专业上的精进是你获取社交资产的第一步，当有人介绍你是一位老师，尤其是大学老师，或者医生，尤其是大医院的医生的时候，其他人不自然地就会对你产生一种敬仰，也就积累了社交资产，这个时候，你的一些推荐或者言论，就会有更强的说服力。当然，一般这种身份的人会比较慎重地利用自己的公信力。很多人喜欢去加入一些协会之类的组织，甚至自己做一个组织，担任个职务，其实都是为了获取信任背书。身份的加持其实是属于比较老套的做法了，之前之后也都会有这样的事情，这只是和社交资产相关，但并不是一个新鲜东西。

其次是价值的输出，这就是一个新时代的概念了。比如你经常写文章、做内容让大家去看，大家可以从中看到你的才华，而假如没有才华的话，也可以看到你的坚持。很多时候，坚持比才华更有价值。我们经常讲某公众号坚持更新了多少天，却很少说它哪天的推文特别好。所以坚持本身代表的品格，就容易让你积累社交资产。而坚持这件事情，说难也难，说容易也容易，容易的主要是对你的才华没有那么高的要求，天分这种东西是后天无法弥补的。但坚持是靠努力可以做到的，比如坚持写东西，坚持跑步，坚持骑行，都可以让别人对你有一个比较直观的认知，从而建立信任，而随着坚持的时间越来越长，社交货币也就随之积累了。我用了 4 年时间做起了超过 8000 人的收费社群，其实很多人都是看了我写东西两三年后才选择加入的，并不是直接就买单了。

第三是利益的交换。这一点和信用消费的逻辑很像，你借钱越多，信誉就越好，信誉越好，能借的钱就更多。这种交换和输出还是不太一样的，用社交的话说就是互动。其实点赞也是互动，你给他点，他给你点。互相转发也是交换，我经常转发大V的内容，因为我也是大V，他们往往也会回转我的。转得都非常刻意，完全就是还人情的那种转。大概意思是你支持了我，我也支持了你，大家两不相欠。如果他老转发你的，你不转发他的，可能就会欠一些社交资产，之后你就要找个其他的方式回报给他了。

第四是你的资源、信息和位置。我们经常看到很多人说有一个大机会啊，自己有什么样的资源啊，可以帮到你什么的。其实都是在兜售自己，让陌生客户买单，这些人可能不太相信你，或者和你也不太熟，但是你的资源很好，信息很及时有价值，大家也可能会愿意跟你合作。这种资源和地位的加持原理上和身份的加持一致，但是并不是每个人都可以把自己包装成一个大佬或者大师的，所以很多时候可能要通过提供信息和资源来完成这个身份塑造的任务。其实这个方式也可以和其他模式结合起来，你常年发布一些新的投资机会，坚持免费告诉大家一些有价值的信息，比如最直接的股票的信息，或者间接的一些政策信息，那么大家也会觉得你可能是一个专家或者能人。

值得一提的是，社交资产的积累是需要时间的，就好像建立信任需要时间。不过和信任不同的是，这些资产建立在社交和互动之中，变现的方式也存在于社交和互动之中，所以被我称为社交资产而非信誉资产。因为社交就好像推销，最终成交未必是因为便宜或者优质，很多时候会是因为热情和信任，所以社交资产最终的变现，是比较复杂的。

最后，长得好看的人，天生就有社交资产，因为人家长得好看。

53　社交资产的变现

社交资产和信用相比，变现方式是两者最大的区别。信用变现的方式比较单一，一般就是以金融借贷方式为主，很多普通人是没有办法享受到这个渠道的资金支持的。实际上这也是为什么有钱人会越来越有钱的原因，就是因为他可以更好地利用金融资产杠杆来实现自己的资金增值，普通人就没有这样的条件。

不过社交资产可以说是普通人最大的机会，因为你一无所有，所以如果能通过社交建立信誉，获得资金方面的支持，无疑是逆袭的一条捷径。而事实上，大部分草根逆袭的基础其实都是来自这种社交资产。比如说，我之前的一个老板，他的起步是借了开矿朋友的 5000 万去做铁粉生意，然后赶上房地产爆发，钢材价格暴涨，所以 5000 万最后几经倒手就变成了几个亿，也就实现了从一个配货站老板到富豪的转身。那么为什么他能够借到 5000 万呢？无非就是因为在平时的配货接触中，别人觉得他人不错，估计比较靠谱，也就借了。

所以问题就来了，你没有逆袭，可能很大的一个原因是，没有人愿意借给你 5000 万。

当然，上面这个是个案，大家看看就好了，我们要谈的是，社交资产如何进行变现。其实变现的方式还是比较多的，你要选择适合你的那种。所谓适合你的那一种，就是要和你积累社交资产的方式相匹配，不能一概而论。比如说，papi 酱是做搞笑视频起家，她的社交资产是给大家带来的快乐，相对来说信任度就比较浅层，所以如果她选择做电商，就会比较尴尬，如果选择做广告，就会好很多。因为不需要从粉丝身上赚钱，而是用粉丝的关注从广告商那里换钱了。

我们简单地把社交变现分为几种方式，这几种方式大家可以采用一种或者几种综合，都是可以的，差别无非就是，选对了方式就越赚越多，选错了方式就越赚越少，其实就在于变现过程中，你是在消耗社交资产变现，还是在用社交资产投资，让钱和资产都变得越来越多。

身份加持的社交资产，比如前一篇说的医生、老师这样的人，就适合做咨询收费和转介绍收费。因为这些人身份层次比较高，如果卖货可能会出现各种问题而影响公信力，那么去做咨询服务和转介绍就非常合适。做咨询服务比较符合现在说的知识经济，靠贩卖自己的经验和技能来赚钱。转介绍则类似中介，向自己的客户推荐更适合他们的机构去为他们做服务。比如医疗服务的升级，课外辅导机构，等等，因为这些机构是需要信任度的，也需要专业人士的考察，好的推荐可以让用户比如患者倍加感激，毕竟这些举措不仅仅是赚了钱，更多的还是帮助用户解决问题。所以有一定身份和社会地位的人，适合这种服务的收费，还包括组建社群的收费也是可选项，但需要你有运营的能力。

价值输出积累的社交资产比较适合的变现方式是社群收费、培训收费和咨询收费，因为这都是价值的输出形式，社群和培训可能会占据更多的比例，因为这更方便我们去传递价值。

而卖货可能就不太适合我这样的人，理由和前面差不多，因为如果去卖产品总会出现这样那样的问题，也存在有些人可能赚钱可能不赚钱。一般来说，人赚钱了都不会感激你，但不赚钱的话一定会埋怨你坑了他。所以，这种必然的麻烦还是不要惹的好，而所有人都赚钱的事情，可能就只有存银行定期了。

利益交换类积累的社交资产比较浅层，大部分都是泛泛的点赞之交，你要让他为你提供的资讯付费什么的可能也不太现实，但是他可能会愿意去买一些你的产品，所以这样的情况就比较适合电商变现。当然，这种信任也就只是一次，如果产品好，那么信任会持续，如果产品不好，可能就没有下一次了。所以如果大家自身有一些产品优势，尤其是生鲜水果之类的高频消费产品资源，那么不妨给自己的名字前面加上这些产品，然后经常给别人点赞评论，等他需要你的这类产品的时候，或者你发广告宣传自己产品的时候，就会成交。成交之后，你再去麻烦人家帮你转介绍一下，然后做一些赠送和优惠，就有可能把圈子慢慢做大了。

通过资源、信息和位置来积累社交资产的，就比较适合拉拢别人一起创业了，或者说拉大家一起做微商卖货或者一起炒股票之类的事情。但大部分人也只是抱着试试看的心态去参与的，你需要为他们做好服务和支持，来回报这种初次信任。

初次信任这个概念需要解释一下，一般说来，我们都会给别人尤其是不熟的人（注意：不是陌生人）一次机会。这种人不限于网友、新同事，或者朋友的朋友、同事的同事，其实就是我会不断提到的中关系人群。这些人大部分都会给你一次信任，只要不是特别过分，购买产品或者不大金额付费都是有可能的。而如果是熟人的话，大家的思考会完全不同，大家会用交易的思维去思考，我帮了你会得到什么？如果回报不合适，就会拒绝。但不熟的人的这个初次信任更像是一笔投资，他们希望以此来获得你更多的友谊或者建立更好的关系。

所以，中关系成交的秘密就在于这种初次信任。

以上基本说清楚了各类社交资产如何变现的问题。这里你会发现，这种变现更多的时候是基于运营的，是要持续付出服务和进行互动的，而且这种变现有时候不仅仅是会消耗资产的，如果他们的付出得到了回报，你还会获得更多的信任资产，有点类似你帮人赚钱了，他们就更愿意投资你一样。而如果你辜负了他们的信任，那么也很简单，你们之间也没有什么未来的合作了。要注意的是，很多人觉得反正是网友，坑一次也无所谓，但你坑人次数多了会逐渐变成口碑积累，最后可能会把你的社交资产变成负的，类似某些经济方面的公众人物，去哪儿演讲都围着一群讨债的。

54　社交中的强关系与弱关系

强关系和弱关系，是区别社交类型的最简单标准。强关系和弱关系本身是社会学理论，强关系指的是个人的社会网络同质性较强（即交往的人群从事的工作，掌握的信息都是趋同的），人与人的关系紧密，有很强的情感因素维系着人际关系；弱关系是个人的社会网络异质性较强（即交往面很广，交往对象可能来自各行各业，因此可以获得的信息也是多方面的），人与人的关系并不紧密，也没有太多的感情维系，也就是所谓的泛泛之交。

中国社会显然是一个强关系社会，而美国社会则显然是一个弱关系社会。所以你会发现，在中国办事靠的是你有足够强的“关系”，而在美国想要成功，你要掌握足够多的“信息”。比如腾讯的社交产品基本属于强关系，而新浪微博则是典型的弱关系。用通俗的话来说，就是这个平台上的人，你认识多少，有多少属于深度交流。从这个角度来看，实际上，之前飞信的关系比腾讯 QQ 还要强，因为你起码知道好友的电话号码。

从本人的思考来看，强关系社区是一种通信工具加分享型社区，而弱关系社区则是一种价值观输出社区。前者更倾向于一些娱乐生活的内容，而后者更加社会化和商业化。至于原因，我想大概是和“隐私风险”与“失信成本”有关。

这两个词是我造的，我来解释一下。隐私风险：其实人这个生物很矛盾，他们对待陌生人往往要比对待熟人更友好一些。很多人愿意去跟陌生人倾诉，而跟熟人却很难做到。原因也很简单，陌生人对我们的生活没有干预和影响，而假如把秘密告诉了身边的人，难保不会变得人人皆知。所以我们在这种强关系的状态下，不太愿意暴露隐私方面的东西，而在博客、微博之类的公共社区，却经常会大曝隐私。最简单的例子，我在微博上征婚毫无关系，若是写在QQ签名里，恐怕就会被各种好友采访烦死，而且还会电话不断。所以，在强关系社区，我们基于娱乐的分享更多，我在哪里啊，吃了什么啊，玩了什么啊，这个游戏不错推荐给你啊什么的。

而失信成本则主要针对工作、合作等方面的信息。每个人都知道，微博造谣的成本是最低的。可能弱关系的好友会轻信传播，但很难会深信。这降低了我们释放信息的压力，很多事情稍微有点影子就宣布一下，看看会不会有反响或者验证。纵然不对，也无人深究。同样的事情，如果在强关系社区，恐怕你会面临很大的失信成本，成为自己朋友圈内不靠谱的人。

强关系社区，更强调娱乐性、生活化分享以及存在区域性特征。而弱关系社区，则更强调信息的价值、快捷，媒体属性更强。就算同样是美食的分享，强关系社区看重的是分享好不好吃，价格贵不贵，而弱关系社区往往关注的是自己能不能学着做一个。

当然，强关系、弱关系也不是泾渭分明的，腾讯初期推广时，应该还属于弱关系，我那时候会专门上网去找好友聊天，现在去网吧的，专门为了QQ聊天的恐怕已经绝迹了，QQ的关系越来越强。而在这里面，QQ群就是一个相对弱关系的东西，所以我们在QQ群可以看到各种小道消息，局限就是人数限制和同时在线的不可控。因为基于此，所以腾讯的微博也做得娱乐性十足，基本做不出新浪微博的那种新闻性和社会性，和QQ用户的年龄构成也有一定关系。而当微信取代了QQ成为强关系沟通工具的时候，你会发现QQ反而成了一个办公工具，同事和合作伙伴这样相对弱的工作关系成了主流。而新浪中的微群、互粉其实也算是相对强关系，大家可以私信沟通，洽谈合作。你互粉的人越多，你的言行就会越谨慎，会担心自己的出言不慎，让粉丝取消关注。只是微群做得太烂了。

讲了这么多，其实也就是要说一件事情。假如你的模式是针对强关系的，就往分享娱乐方面去靠。假如你的模式是弱关系的，那就往信息、价值观输出方面靠。搞混了就没意义了。所以很多对新浪微博做着没信心跑去做腾讯微博的就要注意了，如果你想做公知，在腾讯微博上就等下辈子吧。不过听说腾讯微博营销的效果要好于新浪，尤其是做产品的。

而对于我们的人生来说，弱关系平台可能是我们展示自己的一个公平的舞台，你可以把才华在这里无障碍地表现出来，获得自己人生中的很多以前不会有的机会和认同。所以我一直认为，新浪微博这样的东西，更多的是要做自己的个人品牌。而对于强关系的社区来说，则要注意保护自己的隐私和形象，以免成为别人的谈资和笑柄，影响你在圈子内的形象，起码不要在 QQ 签名上乱说话，乱抱怨，后果之严重，超出你的想象。当然，就是你玩微博，也要小心老板关注你哦。

不论强关系或弱关系，都会产生社交资产，只是产生的方式不同，偏重的内容也不同。弱关系平台的社交资产建立大多是通过价值输出，而强关系平台的社交资产建立大多数是生活方式的输出。前者让人有所收获，后者让人有所羡慕，都会有助于你形象的提升和社会资产的积累。

55 职场竞争中的社交资产

之前看到一句话："离职后依然和老板有来往的，都是以前'能干而不听话'的。因为他们追求公平，在职时追求价值回报，得不到公平报以辞职，没必要反目成仇。离职后对老板失望怨望，乃至仇恨的，大多数是'听话而不能干'的，因为他们付出多、忍受多、退路差。"

这句话引发了大量赞同，不过有一点点不一样的是，我觉得并无所谓公平回报，满足老板的要求是你职场的本分，而有些人做不到这一点，他们就要在其他的地方弥补，比如取悦老板。虽然不能在工作上让老板满意，但总可以在情绪上让老板开心，这其实也是一种价值，也会创造社交资产。

而对于我而言，很难做到的其实就是这一点，取悦别人，不管是粉丝还是老板。我把事情简单地理解为，你为别人创造价值，获得别人的尊重和认可，如果他不尊重和不认可，那么可能大家八字不合，君子断交，不出恶声即可。人最重要的两种能力是"平等沟通的能力"和"让别人信任的能力"，前者是需要这种不取悦的态度和心理，而后者则需要你有强大的价值输出来背书和佐证。如果你觉得自己还是郁郁不得志，那么大概这两方面还是有值得检讨的地方。当然，你说我没什么本事，靠让别人开心活着，也不能算是一个不好的选择，从职场的角度讲，可能还是最优的选择。

公司发展到一定阶段，能力强的员工容易离职，因为他们对公司内愚蠢的行为的容忍度不高，也容易找到好工作；能力差的员工倾向于留着不走，他们也不太好找工作，年头久了，他们就成了中高层，这叫作“死海效应”：好员工像死海的水一样蒸发掉，然后死海盐度就变得很高，正常生物不容易存活。这种稳定发展的后果是值得我们提防的，这也是为什么我不断地去尝试各种商业形态，从而给人留下了非常不安分、到处赚钱的印象。其实我做所有的事情秉持的价值观都非常一致，做有价值的东西，获得理所应当的回报，让每个人获得成长，让优秀的人赚钱。我同样不会取悦我的客户，大家根据价值付费即可，忽悠其实透支的是你的品牌，而持续的成长则需要你不断地建立自己的品牌，而难度其实是在建立品牌的同时还能赚到钱。大部分人其实看不到这其中的艰辛和努力，总会很轻易地得出其实自己是聪明的，而别人是被忽悠的结论。

当然，我连客户都不会取悦，自然更不会取悦讨厌我的人了。其实我还是很希望讨厌我的人坚持讨厌我的，如果我是对的，你坚持讨厌我显然会坚持地走一条错误的道路，这自然也会让你的生活不会有大的改变，这已然是对人最大的惩罚。

从我自身的经验来看，我的很多社交资源来自同事和共事的朋友，而另一半社交资源则来自之前的对手。后来大家都离开了自己的供职单位，反而很容易达成合作，当然，如果这个竞争的层面比较低，那就谈不上什么彼此赏识，最终可能还是互喷狗血。我见到很多人为了公司去诋毁竞品无所不用其极，不但不高级还会很下作，这样其实对自己没有什么好处。你不太可能在老东家做一辈子，而你跳槽的时候，大家看到你之前的表现，心里往往还会有很多芥蒂，因为这并不是一件职业的事情，简单地说就是职业素养太低。

不过这种竞争中的社交资产积累是要有实力做支撑的，对于很多人来说，其实并不会遇到这样的事情。

56 不要让口才成为负资产

很多人会问，是不是有真才实学也不如善言辞的混得好？这个问题其实并非如此，我们去看 BAT（百度、阿里巴巴、腾讯），马云口才很好，但是马化腾和李彦宏并不是这样，口才很一般。再比如周鸿祎，口才很好，但是不太会来事。剩下的大部分人口才也不是很好，但也不妨碍成功。所以口才对人的影响也许有，但是没有想象中那么大。尤其是在社交中，能言善辩、巧言令色很多时候是不太诚恳的表现，往往会起到比较负面的作用。

如果你生活在美国，可能口才是非常重要的，当总统就靠演讲了。但是在中国，我们还是比较提倡敏于行而讷于言的。大家更愿意看你到底做了什么，做成了什么。比如微博上，想传递价值观的人很多，想讲趋势和技巧的也很多，但是成功的很少，一直成功的就更少，大概就是这个原因。如果你一直无法成功，就算你讲的事情很有道理，但是终究是没有说服力的。毕竟如果你是对的，那么怎么就没能成功呢？

从另一个角度而言，你自己做了什么，没有必要自吹自擂，别人爱信不信，反正我说了，三年之后，大家看结果就好了。这样其实可以获得更多忠诚的粉丝。毕竟这个世界上，愿意说真话、说实话还能做到的人太少了。可悲的是，这个世界上，普通人还是大多数，他们就喜欢听那些玄乎乎的东西，比如某些手机粉丝之类的，非要买几款垃圾手机用完了才知道原来自己被骗了。这就会显得有些尴尬，而这种情况下，口才能够起到的作用就更小了，还是必须要让社会来教他们。

对于企业来说，倒了你还可以再做一个。但对一个人来说，信誉破产之后你想重新做人就很难了，所以我更在意的事情不是去忽悠多少人相信我或者加入我，而是按照我自己的判断不断地行动和前进，用最终的结果告诉大家谁是正确的。当然，关注这一点的也许人不多，但是看到最后的，基本都是智商比较高，比较会思考，能够对社会和自己有正确认识的。这样的人成功率高一点，在 15% 左右，阻碍他们成功的主要是行动力和坚持，而对于 99% 的人来说，阻碍他们成功的大部分原因是脑子。

所以，我不反对大家热衷表达，但是不要忽略自己的行动和结果，你吹了那么久，最后还是穷得要死，你说的那些东西就不攻自破了。这才是价值的核心，而表达只是一种表现形式，好的表达可以给你更多的加分，但你的基础分还是来自你自己做出来的成绩。自媒体也好，社群或者电商也罢，都只是意见的实践，你们看到了，而我做到了，就会成为差别。

更可怕的是，因为口才太好了，反而让人敬而远之。我在很多社交电商的成功案例中都能发现，很多成功的人往往并不是因为口才好，甚至有些人口才还很糟糕，甚至是一些很粗俗的人，但他们市场推广却做得很好，社交电商也多有成功，究其原因，大家在社交过程中，对过于聪明的人往往有更多戒心。因为有时候，人家会知道不是你的对手，而发现自己不行之后，发奋图强的其实还是少数，更多的人选择了远离。

所以在这里，你就会发现，生活中积累社交资产和打工完全不一样，打工的话口才就重要得多了。无论是演示还是汇报，口才好都非常有优势。这主要是因为，职场是业绩说话，谁业绩好谁有主动权，而口才好的人会更好地美化自己的成绩让它看起来价值更大一些。但社交关系中就不存在这种事情，人和人之间的社交关系并没有非常明确的结果指向性，这也就是说，对你的感觉好坏往往会更重要一些。这时候，很多人会把木讷当成是诚恳的表现，而口才好的人却往往会让人觉得巧舌如簧，不够诚恳，难以深度交往。

所以大家在社交资产积累的过程中一定要注意这个问题，会说话不见得一直是个长处，有时候，说多了，往往会带来不好的结果。不要试图用华丽的言语来获取友谊，同样，也很难靠嘴皮子获得社交资产。假如你没有办法拿捏分寸，就闭嘴吧。

57 做粉丝营销要高冷一点

之前参加的一个微博讨论上，我提出了做微博粉丝营销要高冷一点的观点。这其实也是这几年在微博营销中观察发现的，很多做得不错的微博，做的方法真的对吗？我们评估微博做得好的标准到底是什么？粉丝的活跃度还是营销的效果？

举个例子吧，在企业微博中，杜蕾斯官方微博显然是公认的做得最好的微博，甚至没有之一。但是我曾在我的朋友圈内进行调研，要知道我的朋友圈里大部分都是科技圈、营销圈、公关圈人士，大家都是重度的营销爱好者，也是杜蕾斯官方微博的营销受众、研究者和追随者，当我问他们“你都用什么安全套”的时候，意外发生了，绝大多数人用的是冈本。那么问题就来了，杜蕾斯官方微博的营销是有效的营销吗？

如果说杜蕾斯的销量还是超过冈本很多，那么到底是营销的原因，还是渠道的原因，还是价格的原因呢？大部分的用户是不是看过杜蕾斯的官方微博呢？看过杜蕾斯官方微博的人，是不是大多又在使用冈本呢？所以首先，我希望大家也能够去测试一下，其次，我想说，营销的评估标准和销售的实际结果，恐怕是很难匹配的。换句话说，两者可能不是一个维度。至少杜蕾斯官方微博自己去做产品社交渠道销售的时候，销量并不乐观。

这之后我们又延伸到了粉丝营销，毕竟企业获取粉丝的目的大部分还是为了营销。在这里不能不提到两家企业，一家是粉丝营销的开创者小米，另一家则是粉丝疯狂程度排名第一的锤子。这两家企业呈现了不同的营销结果，小米在前几年的爆发增长后，销量出现了大幅下滑。这个下滑的幅度相当惊人，几乎没有办法通过传统的商业角度去理解，毕竟小米的产品还是越做越好，但为什么用户纷纷放弃小米呢？而锤子手机的粉丝大部分都是罗粉，他们每次都喊出了“你负责努力，我们负责让你赢”，给老罗造成了很多次成功的错觉，而最后手机的真实销量才能让他真正回到现实。这些粉丝那么狂热，怎么回头却买了苹果手机呢？

而站在他们反面的则是oppo和vivo，你基本找不到这两个厂家的狂热粉丝，甚至连华为和魅族都不如。但是这两个厂家在微博上的粉丝数量，却也高过小米，而销量更是这两年的行业奇迹。它们运营微博的风格更倾向于广告，而少于互动。据一位奥美的朋友透露，2016年代言效果最好的五个人，是吴亦凡、鹿晗和TFboys。你会发现，鹿晗和TFboys都是oppo的代言人，而吴亦凡则是另一家增长非常迅猛的手机厂商荣耀的代言人，据悉，荣耀在互联网手机领域销量已经超过了小米，这对于历史更短的华为的互联网品牌来说，不能不说是一个奇迹。

那么我们来对比一下这些厂家到底有哪些区别？到底是什么让它们的营销结果相差这么多？而为什么我们又觉得像小米、杜蕾斯、锤子，这样的营销是更好的营销呢？为什么我们不觉得oppo、vivo这样的营销是更好的营销呢？毕竟事实上后者带来了更多的销量。

在考虑渠道的情况下，我认为企业营销的核心还是更应该倾向于广告式的传播，而非内容性的运营。因为这些内容运营，其实获得关注的原因是因为品牌为它赋能，比如说杜蕾斯官方微博，如果不是杜蕾斯官方微博，那么同样的内容还能火爆吗？这是企业品牌为微博带来了能量，但微博为企业品牌带来了什么？曝光和传播吗？这些已经有更强大的市场渠道在做投放了。企业微博的人性化似乎成为一个共识，觉得这样更方便粉丝的交流，但是对于企业来说，核心目标难道是和粉丝交流吗？目标恐怕还是希望粉丝购买吧。粉丝会因为你微博更可爱而购买你的产品吗？不会的。粉丝在掏钱的时候非常理性，他们还是会购买更合适的产品。所以说企业微博的核心价值还是在于呈现产品，能够在用户搜索的时候，发现他们需要的产品特质，这可能会带来更有意义的价值，如果只是打着企业的品牌去讲段子，做互动，做游戏，恐怕并不能真的带来转化。

而从另一个角度来讲，我们在调动粉丝情绪的时候，还是需要克制。让粉丝痴迷和疯狂并不是一件很难的事情。比如说小米营造的一个正义的氛围就是大多数行业都是暴利的，它要打破暴利；而锤子营造的则是大部分设计都是平庸的，它要特立独行。建立了正义的氛围和心锚之后，只要稍微通过一些技巧，就可以引发粉丝的狂热，认为他们正在代表正义去改变这个错误的世界。这样做的好处是在前期会带来明确的销量，而坏处则是在几年后他们发现自己实际上是被利用了，或者在他们无法被重视的时候感觉自己被抛弃了。最典型的一个场景就是，当厂商放弃对老型号手机的升级支持后，会形成一大波的粉转黑。而事实上粉转黑的杀伤力是巨大的，我个人认为这恐怕也是小米手机销量大幅下滑的一个比较重要的原因，其实小米手机还是一代更比一代强的，不过质量最有问题的几代反而是卖得最多的，这也让人看到了消费者非理性的一面。

综合上述的分析，我得出的结论是企业在官方微博运营的时候还是要注意高冷一点，记住你做微博运营的核心，是向公众阐述你的产品，而不是讲述你的段子。尽管后者可能会让数据看起来更好看，但实际上营销意义可能没有那么大。所以企业微博更多的时候，我觉得还是应该采用广告工具来获取目标用户的关注，而尽量减少试图用内容来获取粉丝。用户其实更多的还是希望获得有效信息，这一点 oppo 和 vivo 们做得就很好，它们永远在讲我们的特点是什么，我们的代言人是谁，而不是讲你是谁，为什么要买我们的手机，你买了我们的手机之后会变成谁，因为当他买了之后发现自己没有变成谁的时候，就会感觉被骗了。

其实在社交时代，我认为最重要的不是忽悠和获取大量粉丝，而是克制。认清一些事实和前提，比如大部分人是不会成功的，所以不要做出太多的空口许诺，当他们相信你之后，却没有得到自己想要的，很多时候就会粉转黑。而最重要的是这其实可能也不怪你，是他们自身的问题，但谁会觉得自己有问题呢？大家都觉得责任是别人的。

社交时代，可以表达自己，但不要蛊惑人心。

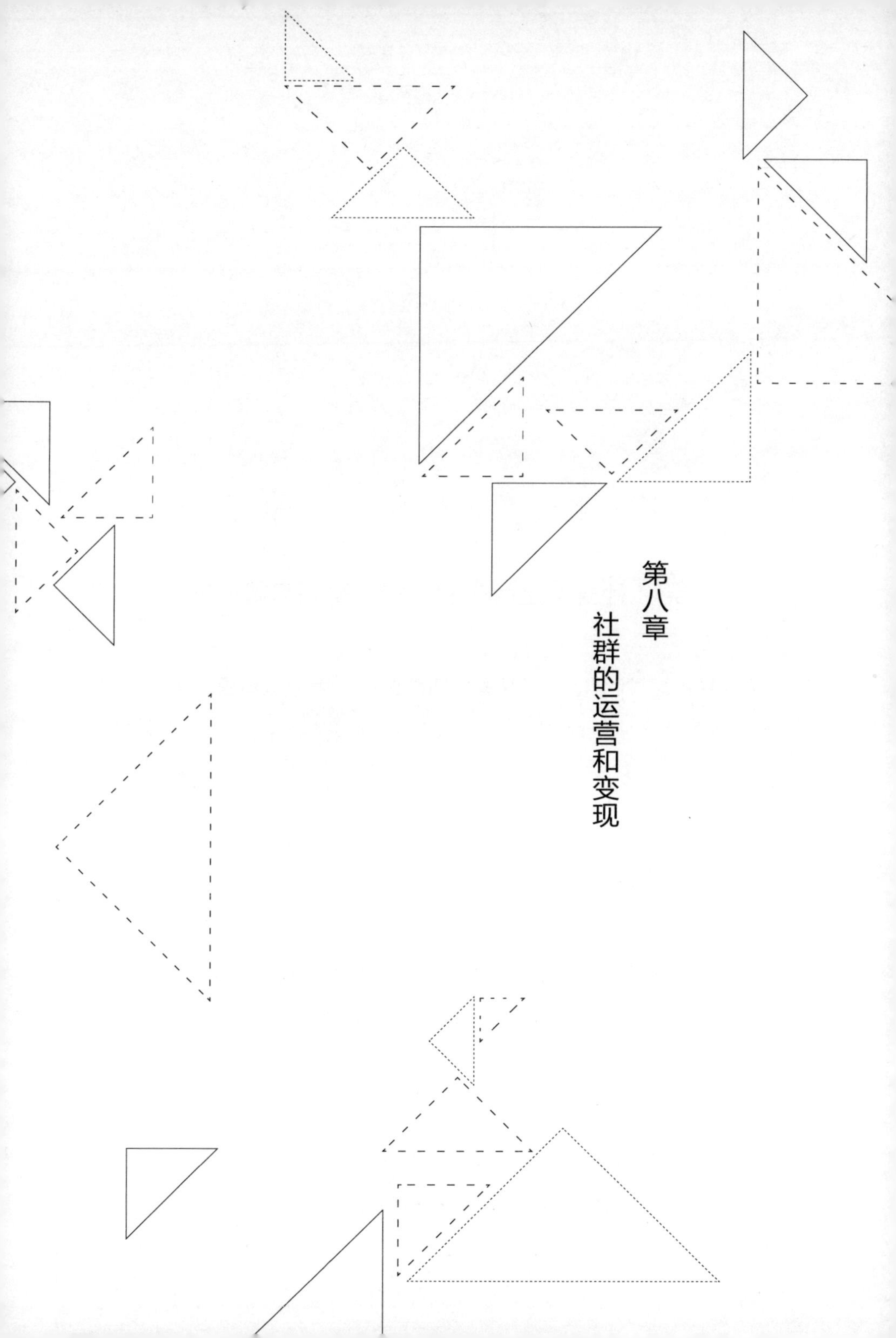

第八章 社群的运营和变现

58　社群不是用来圈人的，是用来筛人的

坦白说，社交电商还是要感谢微商的。因为微商模式实际上完成了社交电商的扫盲工作，让大家意识到通过社交我们是可以做电商的。而在社交电商中目前有四种模式：微商模式、微店模式、网红模式、社群模式。对于普通人来说，我们认为微商模式和社群模式是更加适合的，而微店模式和网红模式可能难度更高一些，所以我们在这里会重点地去讲微商模式和社群模式，本章主讲社群电商。

我们给社群的定义是，因为某种同好聚集在一起的一群人。这里要注意区分社群经济和粉丝经济的不同。因为很多人可能会混淆这一点，比如有一个名人，他做了一个自己的粉丝群，他认为这是社群，其实是不对的。

粉丝群是以偶像为核心的，规模比较大，以偶像的作品和行动为核心关注点，在粉丝之间其实比较缺乏互动，而整个粉丝群的规

模也可能非常庞大。但社群一般来说规模比较小，群友之间比较熟悉，虽然有核心带领，但重点还是在互助，而非对偶像的崇拜。从另一个角度说，如果是区域性的粉丝小团体，也称得上是一个社群，但在这个社区里起作用的不是偶像，而是这个社群的领导者。

社群时代的到来主要基于几点，一方面是移动互联网带来的碎片化，让我们很难把更多的人聚集在一起，个性化成为主流；另一方面则是社交时代，让更多有共同爱好的人可以聚在一起，于是也就有了社群。还有一点是因为信息大爆炸，大家平时获得的信息太多了无从分辨真假，所以开始更加依赖社交信息。换句话说就是，大家对网上的信息都不太相信了，更愿意看看自己的朋友是怎么说的。所以有共同兴趣爱好的人开始聚集在一起，互相提供意见，互相帮助，从而形成了社群。至于社群的类型和形式，我们在后续会有详细的解读。但是社群这件事情确确实实会成为未来一个很重要的组织生活形式。而尽早参与或者布局社群，对未来的社群变现是非常有帮助的。

2017 年是社群的元年。为什么呢？因为以前大家都不知道社群是干吗的，一股脑儿地加，然后一股脑儿地乱，第一轮的社群也就都被拍死在沙滩上了。任何一个领域，其实都需要一些人去先行启蒙，而大熊会的价值正是在于此。

很多人都觉得做社群是用来圈人的，还有人说，可惜大熊会圈了那么多人，不如让我来运营。所以事情就很有意思了，你那么有本事，为什么不也圈那么多人呢？你第一步都做不到，想教我第二步，是不是有点还没学会吃奶就想上天的意思。

那么做社群到底应该是做什么呢？

经过我三年的经验总结，得出的结论是，社群不是用来圈人的，而是用来筛人的。当然，这对一些天天挖空心思让别人发个红包的草根可能是比较难理解的。他们自然想的是，我如果能一人收 1000 元，招到一万人，那就是 1000 万元啊，哪怕一人收 100 元也是 100 万啊，这也就是这些人为什么组织不起社群的原因。我绝大部分收入并不来自社群，也不会挖空心思在会员身上套取二次消费，这也是为啥我的口碑还可以的原因。

我之前很早就做在线的培训，发现这事很有意思，很多人交了钱，但是不来听课。后来我觉得，这大概和买书一个逻辑，买了就等于看了。后来改做社群，每次听课的大概有 20%，还有 80% 是不来听课的，至于说之后有没有补听，我也是不知道的，但我相信，大部分人是没有的。那这些人都喜欢干什么呢？群发小广告……没谁了。所以，你一定要相信，能传播的内容，都是肤浅的。能成功的人，也都是少数的，先不说成功这么大的命题了，就是能改变自己的人，大概也不过 20%。

所以最后我发现，一切努力想改变别人的举措，都是你的自作多情，他自己都不想改变，你干吗替他操心呢？难道要跪下来说求求你，赚点钱吧。所以，我从来不会像别的社群那样宣传的，加入大熊会吧，你会发财，你会改变人生什么的。我只能说，给你提供一个对接平台，给你提供培训，为你找到方向，还提供一些咨询服务。毕竟，坦白说，改变人生也好，发财也好，都是你自己的事情。第一，和我没什么关系；第二，你赚了钱也不会分给我。当然也不是完全这样，当年我指导一个哥们儿转型，他说分我股份，已经连续两年给我打了 10 万分红了，大熊会 7000 多会员，这样做的只有这一个。同样承诺给我股份分红，没几天就不知道哪里去的，我倒是可以找出一打。

所以，你圈那么多人没有用，收一年的钱也就算了，基本没有第二年了。我为什么能做三年还有那么多人？非常简单，筛出愿意改变的 20%，帮助他们一起成功。

2013 年初，我组建了第一期 2014 大熊会。到 2014 年底，这些会员抓住了那时候的微商风口，已经不是改善收入了，而是基本颠覆人生了，然后微博红包大战，学员给我充值 30 多万元震惊微博，粉丝暴涨 3 倍。

2015 年时，我组建大熊会名人堂，已经聚集了 100 多位月流水过百万的学员，差不多每月总流水也有 3 亿以上。这些人并不是我拉来的，大部分都是和我一起走过来的。在这中间，产生了我的很多合伙人，一起做了一些项目，也都比较成功，形成了比较好的示范。

2016 年虽然形势不好，一些人不做了，但依旧保留了三分之二的主力在大熊会共同成长。而红包大战，充值更是超过 40 多万，有奖转发奖品近 15 万，粉丝依旧暴涨 3 倍，突破 200 万，会员涨粉不止 300 万。可以说，社群也成为我自身发展的一个很大助力。

虽然从第一年跟到第三年的会员可能也就四分之一，但我肯定，这些人都从中找到了价值，很多已经改变了人生。人不多，但是价值超值，这中间蕴含的是信任、能力，还有大量可支配的金钱、资源，合作是分分钟的事情，打钱也是麻利的事情。因为大家通过这几年，已经非常了解了。

所以，社群能给会员的无非就是机会，你可以在这里找到志同道合的人，也可以在这里看到自己之前看不到的东西和方向，然后逐渐地努力改变自己。凡是加入社群想让别人来给自己赚钱的，那是肯定不可能的。这也是为什么微博上很多抱团的草根，总是天天打架了。资源也好，流量也罢，不管客户还是代理，都是稀缺的，你想占别人便宜，最后就会有利益之争。正确的做法是，指引方向加锦上添花，强者恒强的逻辑颠扑不破，自助者天助，自救者天救。况且，你努力，别人帮一把就起来了；你不努力，别人托举你，死狗也上不了墙。

社群给你的，只是一个改变一切的机会，能不能改变，自己努力还是基础。所以我不会去运营什么社群，我只分享真实的思路和方法，找到那些有共鸣可以执行的人。就好像我也不会编排什么文章，会看的人总会看，会分享的总会分享。我们的目标是，让好的人有好的结果。

最后给大家一点提示，不要相信自己能做网红，不要相信没卖出过东西的人懂营销。话讲得有道理是很简单的事情，而事做得有结果才是真本事。

59　为什么很多社群做不下去

我经常收到两种消息，第一种是，你好，我的某某社群现在里面已经有马云、马化腾等人参加，你要不要参加一下，一年只要 1000 元；第二种是，大熊老师，我有一个圈子 / 社群，已经有了 ×× 万人，能不能告诉我怎么变现？

当然，第一种里面也不一定是马云、马化腾，还可以是什么名人、博士、高管之类，反正就是这么个意思。第二种则往往是一些免费分享或者听课的群，可以一下子圈到很多人，但是一般免费服务的时候人还在，一想收钱，人影都没有了，所以组织者也会很头痛。

社群出现之后，其实还是涌现出了大大小小的无数组织，不管是收钱的，还是众筹的，或者卖货的，确实也是移动互联网一个最大的趋势。但是三年过去了，更多人突然发现，参加了很多社群，自己依然那么穷，加了很多好友，依旧没有什么资源。于是又万念俱灰，很多社群就慢慢搞不下去了，今年开始社群死得也比较多。连罗辑思维也搞融资，不收会员了。所以总的说来，90% 的社群或者圈子，不管你怎么称呼，其实都没有什么用。当然，这并不是社群或者圈子的错，主要是 90% 的人没有什么用的原因。所以大熊会能够做三年，还能继续延续下去，倒真算是一件不容易的事情。

大家经常会看到很多社群的招募广告，基本都是我们这个社群很靠谱啊，我们这个社群很厉害啊，你参加这个社群会赚到钱啊，这其实都只是广告而已。在收钱的时候，老大是很积极地努力宣传和参与的，等运营起来，很快就意兴阑珊了，最后也就慢慢死掉了。所以除了大熊会的第一年，我是这么做的之外，剩下的两年，我都没有写什么招募计划，也没有说会有什么用，我能说的只是，能起到多大的作用，要看你自己的参与程度。而事实上，一个社群最终也会有 60% 以上的人因为惰性而死掉，所以每年我都会解散去年的群，原因就是为了去掉这些人，加入新鲜的血液。

一个社群究竟提供什么样的价值才能很好地延续下去呢？ 这里我大概认为有两点：第一点，整个社群的平台价值；第二点，社群老大的资源价值。二者缺一不可。

其实平台价值考验的是社群老大的影响力和组织力，会吸引什么样的人进来，是大咖还是小咖。收费其实是一个比较不错的门槛，因为愿意花钱的人往往会更靠谱一些。我个人觉得 1000 元的收费不高不低，大家都能接受。收得少一点，层次会低一些，收得太多了，人数会少一些，参考一开始的活跃人群问题，你必须要有一定的会员基数才能保证基本的活跃和价值的。再考虑到整体规模太大，会影响会员之间的熟识和交往，太小又保证不了活跃人数，所以我用 QQ 群的上限来确定总规模为 2000 人。这样的规模可以保证各地都有一些会员，可以各地有交往，可以总体去认识一些人，又不至于人太多交往不过来。

而社群老大的能力或资源，才是这个社群的最大价值所在。比如他可以给你提供一些更卓越的见识，一些合作的机会，或者一些通往更高层次的交往和合作。很多社群其实都非常注重这些，而很难做到，大家都想去运营圈到的人，但自己其实并没有能力或者独特的资源去带领这些人，所以领导者最后扮演的角色往往是组织者，而你一旦沦为了组织者，那你的号召力、影响力和决定权就会被淡化，而变成一个服务员。当你成为一个服务员的时候，你也就丧失了运营平台能力，大家不会听你的，最好的情况是自己私下沟通去了，不好的就视你为空气。而你如果无法组织大家进行合作的话，这个社群，其实也就不能说是你的社群了。另外一种情况则是，社群老大没有时间和精力去管你们的诉求，比如收了几万会员这种，只能你们自己私下沟通，这样最后的结果也就是慢慢死亡了。毕竟真正牛的人，其实没空搭理一般小白，而一般小白之间又不会创造什么新的价值出来，没有大牛帮忙是不会有太大改变的，而大牛为什么要帮小白，只能是社群老大组织了。

所以，社群运营是一件很困难的事情，老大要提供独特价值和整合能力，社员还要积极参与，互相支撑。而且这个社群还要有有价值的核心追求，才能一年年地延续下去。全部满足这些条件的社群，收费还不能高、不能低，人员还不能多、不能少，几个条件综合下来，符合要求的也就越来越少了，所以你加入了，也没啥用，也就很正常了。

不过对于没有太多机会的人来说，加入社群还是有很大意义的，还记得那句话吗，贫穷不是收入低，而是丧失了从社会获取资源的能力。社群里面很多人还是可以给你提供很多信息和资源的，只要你积极参与这些事情，就可能会启发你或者带给你很多资源。

所以很多时候，有没有用并不是核心问题，核心问题是你有没有其他选择。

60　社群的三个类型

经过各种总结之后，我们把社群分为了三个类型，分别是服务分享型、产品销售型和兴趣爱好型。三种社群有三种不同的属性，需要我们区别对待。

社群的类型

社群类型
服务分享型——目的性强
产品销售型——功能性强
兴趣爱好型——情感性强

服务分享型社群

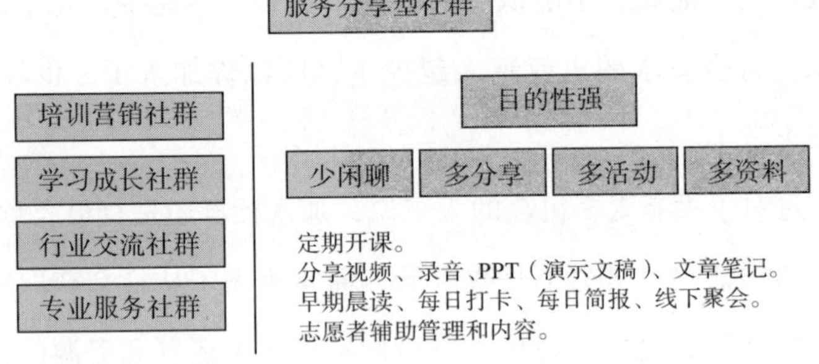

这类社群可以分为四个类型：

第一类：培训营销社群。

比如大熊会就是微营销社群，我们专门谈营销，大家目的性很强，就是希望通过学会营销的各种方法、技巧、趋势，更好地进行销售。

第二类：学习成长社群。

比如 S 君做的学外语的社群，可以学德语、法语等多种语言，会员的目的性也很强，就是来学习的。

第三类：行业交流社群。

现在差不多每个行业都有自己的群，包括之前我发的广州的环保检查消息，就是来自广州化妆品的行业群，整个行业一两百个老板都在群里，互通有无，比如有人说我缺两吨什么料，谁可以给我供一下，往往也能实现江湖救急。

第四类：专业服务社群。

顾名思义，就是提供专业服务的。比如说法律服务，比如说金融服务，理财炒股之类的都算。

服务型社群，特点是什么呢？大家参与目的性非常强，我来这儿获得资源，获得成长，或者学习什么东西，或者是获得什么东西，所以在这样社群里，少闲聊，不要唠嗑，多分享，多活动。

产品销售型社群

这类社群大致也分四个类型。比如保健养生社群、母婴家用社群、美容护肤社群、水果生鲜社群等。这类社群的特点就是比较强

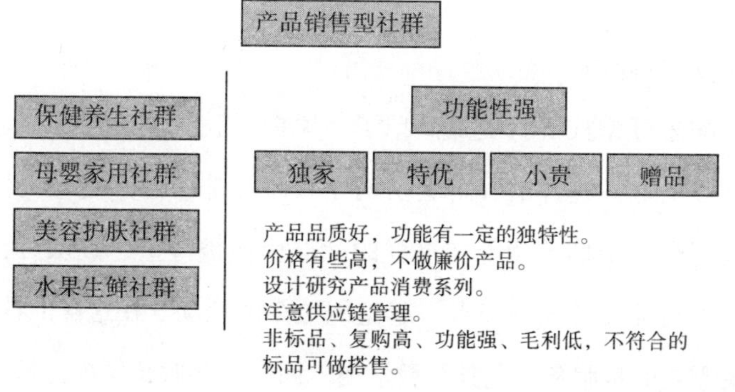

调功能性，希望能够通过社群获得不一样品质的产品。

其实这些只是品类的区分，换句话说，只是卖的东西不太一样，本质上都差不多。单独列出来只是告诉大家这几个方向的销售社群可能比较好做。比如母婴社群，因为“二孩”政策，这两年能带动纸尿裤等品类火起来。美容护肤是女性最爱，代购一些化妆品啦，甚至去组团整容啦，都是不错的选择，需求比较强。水果生鲜这两年才起来，这个行业的好处是什么？就是转化率比较高。你想吃某个水果，去买路边摊的可能有防腐剂之类的添加，直接从产地买，大家吃着也放心，也更新鲜，尤其是荔枝、杨梅这样的季节短、保鲜期短的产品，或者海产品等保质期也短的产品。中国有大量的吃货，所以这样的社群也受欢迎。

做产品销售的群需要产品品质好，功能有一定的独特性，价格可以高一些，一般不要做廉价的产品，如果明显太贵可以通过赠品的形式混搭价格，提升性价比。这里对供应链的要求会比较高，同时更多的也都是非标品，缺点是物流费用高以及毛利比较低，优点是转化和复购会比较高。

兴趣爱好型社群

兴趣爱好型社群就更加简单了，说白了就是具有同样兴趣爱好的人聚在一起。这样的社群会员对于钱不是非常感兴趣，他们追求的是情感性。他们希望能在这样的社群里面被尊重、被认可，学习到更多的行业相关知识或者一起组织更多的活动。在这样的社群中，大家更需要的是服务，尤其是教学类。而在一些收藏属性比较强的社群中，大家除了有获取知识的需求外，还有进行交易的需求。类似体育、自驾、旅游这样的社群更偏重于活动的组织与服务，而类似文玩收藏、宠物花草这样的社群，大家则更希望有行家带领，不要吃亏。

兴趣爱好型社群

运动体育社群
文玩收藏社群
宠物花草社群
自驾旅游社群
茶酒文化社群
老乡小区社群

情感性强

被尊重 被认可 爱比较 多聊天

不寻求增长和收益，更多的寻求精神肯定和感情交流。——少提赚钱销售和服务混搭，产品和活动结合。
注意专业度的提升，培养小白玩家升级。
综合商业模式，专门服务人员。

以上这三种社群的分类基本涵盖了能够产生社群的领域，大概就是满足了会员赚钱、学习、花钱的三个方向的需求。大家需要注意的是每一类型社群的会员，因为诉求不同，所以侧重点不同。很多人觉得社群就是分享干货，但事实上并不完全如此。有些社群的人是喜欢赚钱这样的直接的营销知识的，而有些社群的人只是单纯来消费和消遣。如果用同样的方式去对待，那么势必没有办法把社群做得更好，而事实上很多人社群做不下去的原因就是它并没有提供别人所需求的内容，而是提供了自己觉得有用的东西，这是一个大忌。

61　社群成立前的五大准备

通过前面的梳理，我们对社群规则有了大概的了解，现在我们就要开始准备成立社群了。在成立社群之前，我们还是要有五个方面的准备，需要认真想清楚。

行业的选择

第一个问题就是你打算做一个什么样的社群，属于什么样的行业。这个行业有几种方向去选择：一是你做过的，你有这个行业的经验和特长；二是你家里有资源的，比如说你家里种苹果树、养猪、养羊、酿酒之类的。你需要从自身的优势和身边资源的优势这两个角度去思考你可以做什么，你能给大家提供服务还是能给大家提供产品？这就是我们要思考的第一个问题，我要做什么，我能做什么，我有哪些资源可以调动？有钱、有知识、有产品、有粉丝，还是自己行动力强？等等。你都需要仔细思考，选定方向，方向决定一切。

营销工具的准备

你需要去建设你能够吸引和聚集粉丝的东西，比如你至少要有两个微信号，一个公众号，一个服务号，另外，一个微博认证的个人号，也许还可以有一个认证的企业号，可能要有个喜马拉雅 FM 的电台号，脉脉的职场号，或者唱吧的红人号，还要有 QQ 号，没准还要做一个自己的 QQ 空间等等。反正不花钱注册的地方很多，有粉丝的地方也很多，你需要这些工具来给自己做营销，所以你就都要去学着运营。而如果你在大熊会的逆袭社群或者社群电商联盟，还可以大家一起互相推广和转发。

内容的准备

你要开始准备分享的内容，我是不建议大家讲干货的，因为这东西没啥营养，讲的人太多了，都是没赚到钱的人讲赚钱。现在是个人就能讲课，你还去讲课，不但没价值，而且很无聊。大家可以分享一些行业的知识，健康养生、美容减肥、养狗之类的都可以，写文章、段子、卖货还是做录音课程也都可以，重要的是可持续，可坚持，最终做一个自己的 IP 出来，这是长期的活动，也会带来长期的价值。甚至说不管你是不是要做社群，这些事情都应该坚持去做。

产品上的准备

你还要做一个产品上的准备，就是你到底要卖什么。如果是虚拟产品会比较方便，比如卖服务、课程、一些行业资料之类，线上就可以分享，就没有什么太复杂的地方，你准备好内容就可以了。但如果是实物产品，微商类大家可能就比较熟悉了，如果是其他产品，比如你要卖羊肉，你就要想好，如何包装、冷冻、快递，是不是交易提货卡比较方便，是不是要有个提货系统，整个的交易系统和细节，你要想清楚，最好还要自己发货测试看看。以及，你的极限发货能力，并以此去洽谈一些合作。微商同时卖几个产品可能挺困难的，但是社群里，买坚果的人也买羊肉其实是没有什么问题的。这也是为什么我说，做起来的社群越多，商业价值会越大的原因，因为我们在凝聚消费者。所以要做自己的产品，首先要把流程跑通，其实也是花费不小的事情。帮别人卖产品练练手也是可以的。

模式的准备

模式准备就是你的社群大概要采用一个什么样的模式去运营，比如说，收费社群，需要收会费或者年费加入，然后提供一些服务。这需要你有相当基础的粉丝才有可能有不错的转化。如果还没有粉丝，怎么办呢？那我们可以做产品社群，通过销售产品来建立社群，让大家可以在消费之外还能有更多的学习和交际，有一些人做免费社群培训，然后捎带销售产品，效果也还不错。二者之间，我们还可以折中做收费送产品的社群，就是你收会费可能大家不太愿意交，但是你也可以提供一些价值，那么我们可以依旧做收费社群，但我还送等价的产品，以降低粉丝的决策难度。

合适的模式结合合适的产品，就会产生好的社群，好的氛围，后续还会产生转介绍，而加上前面我们一直做的内容营销，还可以不断地吸引新的会员加入。通过一两年的积累，完成自己数百甚至上千人的社群建设。

这五个方向想清楚了，你差不多就可以着手去组建这个社群了，可能一开始会比较艰难，比如我第一年做社群才招了 100 多人，以后每年都能招到近 2000 人，所以一定要有一个开始，而且开始一定不是很成功，随着你做得越久，也就越成功了。我也觉得开始太成功不是一个好事，因为你还比较缺乏运营经验，一下子做得太猛了，可能会出现一些问题就半路闹起来了，所以先做个小社群慢慢练手还是比较好的。

62 社群规则的建立

做社群首先要有规则，规则是社群成立的基础。所以我们首先要想清楚的就是这个问题。

社群的规则主要有几个方面。

问题一：你的社群如何加入？

社群加入的方法并不单一，有很多种，适用的情况都不同，有时候你做社群不成功主要是因为加入规则选错了。一般来说，有付费加入、消费加入、免费加入、照做活动加入四种。

收费加入就是直接收会员费，这个适合比较有号召力的社群领导人，你没有号召力，基本也没有什么人愿意付费，自然做不起来。

消费加入就比较简单，特别适合消费型的社群，就是你买了我的东西，自然就成了我的会员，我拉你进入我的社群，这样用户觉得反正买了产品了，就几乎等于免费赠送的福利嘛，所以也就比较喜欢加入了。这种方式比较适合号召力没有那么强的商户。

免费社群主要是为了圈人，免费比较容易，或者就象征性地收三五元钱，搞一场培训，可以招来很多人。比如之前有一个人做了一个教育类培训，一个人收 9.9 元，一晚上有 12 万人听，多少钱？

100 万。所以在钱的金额和受众的多少之间会有一个比例关系，需要我们注意，便宜未必等于收入少。

照做活动加入就好像是你发个朋友圈广告就可以加入了，这也是低门槛的免费加入的意思，但是社员还是要付出一点劳动，所以和完全的免费加入还是不太一样。这样做主要是为了起到宣传和扩散的作用。

问题二：你的社群如何收费？

你可以按年收，可以按照次数收，也可以不收费，也有终生就收一次费的。其实终生收一次费的，有些不太科学，因为你运营也需要成本，收一次费能运营一辈子吗？如果这样做下去，就要不断地扩大规模，人员关系也会逐渐稀释的。我一般比较喜欢按年收，一些活动类的社群可以按组织活动的次数来收。

问题三：你的社群如何组织？

一般说来，微信群更活跃，QQ 群则更适合管理。微博矩阵更适合传播和圈粉。我建议大家现在做做微博矩阵，会员可以在微博上互动。微博是一个公开的平台，可以查得到，而微信就比较困难，我们在微信上更多还是做社交，就是做沟通和做成交，而在微博上可以做传播。

问题四：你如何拓展你的社群？

其实拓展的问题就是流量问题，如何找到更多的人加入是很多人无法解决的核心问题。不过这个问题的根源还是在社群领袖自己，因为你可能不足以成为一个领袖，所以就招不到什么人，最可怕的是招到了一些人，却不会运营，一下子就把自己的人脉都做死了。在这里，我们希望大家想做社群的朋友，自身先去找到一些优点去强化。不管是做菜做饭还是插花养宠物，你首先要有一定的专业度，才有可能吸引同类的人去加入你。

而你要通过新媒体的各种传播渠道，微博、微信公众号、各种视频直播平台、简书等去传递这些专业的内容。我身边有一个做宠物辅导的，就是在直播中进行基础知识的分享，然后捎带做社群和电商。大概也就坚持了一年半载，差不多就有几万观众，加他咨询的人以及一些类似狗粮的产品销售，给他带来 10 万以上的月收入。很多人的问题就在于，既不是很专业，也不是很坚持，最后自然也就半途而废了。后续我们还会有一些章节去讲一下新媒体内容制作的事情。

问题五：社群如何结束？

有开始就要有结束，有了结束才有新的开始。很多人只开始不结束，最后社群就死掉了。所以要有一个社群结束的规则，比如按年结束，每年一次解散，这样可以踢出休眠的人。比如按人数结束，到达多少人后，社群就停止招募了。按次结束就是多少次活动之后就结束了。当然结束的目的还是为了开始，这样积极的人会加入，新人也会比较积极，会让新的一年开个好头。或者说有一个淘汰机制也可以，每年达不到什么要求的，比如早起读书，一些作业任务完不成的，就把他们踢出去，然后再换新人进来，总是会有新鲜血液的支持。我自己采用的都是按年结束，每年一次解散，来年再招新人，有聚有散，个人比较喜欢这种相逢一笑然后又相忘于江湖的感觉。

这里有几个问题是需要注意的。

靠群友资助是无法持续的，靠外援分享是无法持续的，靠一直免费是无法持续的。群友的水平都不会特别高，这取决于你招人的水平，大家水平都不高，互相也就没什么好帮助的，大都想互相蒙点钱，这样社群氛围就会很差，所以也不太建议群友之间过于深度的合作。另外很多人死在没有收入无法坚持上，所以我们坚持还是做收费社群，哪怕人少一点。还有一些群主则是自己没有什么好付出的，就找很多外来老师讲课，最后这些老师把会员都带走了，这个社群也就崩塌了。所以社群不是那么好做的，实在不行，你先从会员开始做起。

还有一个群主必须要做的是，必须要给社群注入资源，要么注入金钱，要么实物、产品给大家吃和用。或者注入智力，给大家培训和咨询，来指点方向。或者注入场地，比如说有一些人，我别的没有，但有饭店或者会所，大家有需求可以来聚会。再或者注入服务、注入关系，给大家做服务。这个世界是平衡的世界，价值一定是来自交换的。一个社群要想做下去，就要在这个社群里不断付出，而不是不断地索取。很多人一开始拉群的时候就很积极，拉完之后，无休止地收钱，开始做广告，开始明码标价二次收费，一遍一遍薅羊毛，薅几遍这个社群就被薅死了。

63　选定领袖和目标人群

社群需要确定一个领袖，一般是自己，也可以是合伙人，比如“汪汪喵狗粮”的创始人姜色色。我是被她感动才选择去做狗粮的，因为我不养狗，四年前我朋友推荐她给我认识，她一直在养流浪狗，四年之后还在养，这让我很佩服她。她现在养了400只狗，天天把全部精力都放在救助流浪狗上，而且是真正在救助。什么叫真正救助呢？并不是去高速公路拦狗之类的做法，而是真正地把流浪狗养起来，给它们做绝育，而且救助的都是一些残疾流浪狗，是卖不掉，也没有人收养的，只能靠她自己养。

她生孩子前一个月，还在救助基地工作，收入的大部分来自打工和好心人的捐助，非常艰辛，但她还是很坚持。后来我说跟她合作一款狗粮吧，我们就去和中国很强大的狗粮厂谈合作，专业技术人员聊不过她，因为她前后养过1000只狗，是真正的实战专家。所有的环节、所有的问题她都清楚，所有品牌的狗粮她也都接触过，知道问题在哪儿，知道什么人喜欢。这种领域的专业能力，是作为社群领袖必需的技能。如果你不专业，别人干吗跟你学？

然后是选定人群，你的会员来自你的朋友和同事，还是网友和陌生人。网友比较陌生，但反而比较容易信任你，身边的朋友同事反而可能会对你抱有很大的怀疑，除非你真的特别优秀。同城的人比较容易见面，再就是你的忠实客户，信赖度和付费率都非常好。还有就是从其他类似组织结识，比如说你是奔驰车友会的人，可能在里边认识一些朋友，你拉出来做一个其他的雪茄收藏会之类的，也是比较容易的。本质上是在解决一个流量问题。

包括我的大熊会也是，大熊会里也有人在拉人做小圈子，其实我也不太管，一般都是静静观察得失。但大部分情况下，很难做下去，因为运营水平还是有明显差距。其实很多人加入很多社群，并不见得是他喜欢这个社群，而是想在这个社群拉一些人走，一般说来大家都比较忌讳这种事情，但我觉得能拉走是本事，能让人有其他收获也是好事。如果被骗了，他还会回来找我，因为没有比较就没有伤害。人如果不吃亏其实是很难记住教训并且成长的。当然还有比较积极的一面，有一个小伙伴也是去做宠物社群，因为他加入了不少类似社群，所以有人问的问题如果他不会，就会把这个问题发到其他群里等别人解答，然后再复制过去。其实从某种程度上解决了一个专业度的问题，这种做法也是有可取之处的。

大熊会是做营销的，你能比较精准地定位这些客户，至于能不能拉走人并运营好是你的本事。比如你在车友会里，在小区业主委员会里都可以拉到人，这些人一般经济水平比较接近，相对来说很多业务的开展可以更为精准。毕竟多少钱的车和多少钱的房子基本确定了一个人的消费水准。如果你广撒网去招人，可能会困难很多。

其实很多不错的社群的领袖，之前都是大熊会的会员，做社群都是从我这里起步的，也有一些是很牛的人。当然，有时候他不愿意说，我也没必要说，虽然我实际上给了他们很多启发，但事情毕竟还是人家自己做的，成就都是个人的，我也没有必要往自己脸上贴金。

需要注意的是，大家要力求精准和价值观匹配，不要过度承诺。喜欢过度承诺的人特别多，加入我们会怎样。其实加入后你会怎样，只取决于你，不取决于别人，有人进来可能几百万、几千万地赚，有些人进来，可能完全不会有什么变化。如果你过度承诺，可能很多不成功的人会把责任推到你身上，觉得是你不靠谱。其实你的成长取决于你自己，我做的只是指引，给你一个可能正确的方向，如果你愿意执行，也许会走一些捷径，可能会更轻松一些，不会掉到坑里。不让你去做的，你说那不是坑非要尝试一下，走走试试行不行，其实也可以，掉进去还是你自己负责，只是最后你会更加认同我的看法罢了。很多人找我的开场白一般就两个：一个是很久就关注你了，但是没听你的，太亏了；一个是我这么做了，果然掉坑里了。大部分人都不会有什么例外。

所以这就要求领袖还是要有一些经验和见识，才有可能起到这样的效果。而不是大家蒙头打鸡血，最后一地鸡毛。看到过很多抱团互推之类的电商社群组织，最后都会出来很多乱七八糟的事情，比如借钱不还，乱搞男女关系，这都是领袖比较散漫，和社群价值观比较混乱有关系。当然，这也说明在人群筛选的过程中，就缺乏一个门槛和标准。

64 社群的运营

既然做了社群，就要开始运营，那么社群的运营应该如何去做呢？

首先，要确立社群的核心追求。社群的追求一般有三个方面，一是追求利益，二是追求品质，三是追求境界。

一般服务分享型社群大多核心追求就是利益，大家加入这个社群，想要的是更好的收入、更好的成绩或者是更好的业绩。而制约这个社群发展的则是大部分人的行动力，因为如果大家只学习不行动的话是没有什么效果的。所以这样的社群，更多的是要激发大家的执行力，让大家行动起来，抓住一些营销机会。一般说来，这样的社群用户商业化氛围比较浓，有很多是想赚钱的普通人，还有很多是中小企业主来寻求解决方案。

而产品销售型社群大多核心追求的是品质。大家加入这个社群，想要的是更好的产品或者更好的服务。所以这种社群发展的核心还是在于群主对产品供应链的管控是否真的能做出超出一般社会水准的产品。同时该社群还有一个优点，就是用户可以帮忙推荐，甚至成为代理商。不过这个度需要把握，因为如果是比较高端的用户群，是不太在意这些零碎的收入的。而如果是普通的用户比较多，那么转销售就比较容易。

兴趣爱好型社群大多是追求一种境界，大家加入这个社群，想要玩得更嗨或者技术变得更好或者收集的产品更全。总体而言，大家需要的都是一个专业度的提升或者是专业的服务。对于社群领袖来说就需要更加的专业，所以尽可能是成为某一个领域的达人后再来组织这样的社群。

明确了社群的核心追求之后，就应该开始设定社群主要的活动规则，这些活动规则大多是固定的规则，是一个社群整体的框架。因为社群从本质上就是一个社交和活动的组织，除了平时的沟通交流之外，活动是一个非常重要的组成部分。

固定的活动是有固定周期或者固定规律的，比如说固定时间的培训，固定时间的上架新产品，固定时间的内容推送，固定时间的出行游玩，以及固定的节假日活动。固定活动强调的是一种规范性，要让会员养成积极参与的习惯，从另一个角度理解也是增强会员对社群的认知，让会员觉得自己有存在感，觉得社群在向他提供服务，而不是把人组织起来之后就没有动静了。这些固定的活动在社群设计之初就应该确定下来，然后按照设定的规划进行筹备，保证各个活动顺利按时完成。

固定的活动极其重要，因为这代表了一种坚持的力量，比如之前我做公众号怎么做起来的，非常简单，就是天天更新，那时候天天写的人比较少，所以大家都来关注我这个天天有料的。但到了今天，大家都每天更新 8 条，粉丝看都看不过来，你自然做不起来。这就和卖煎饼果子一样，他必须天天在那儿卖，没有卖煎饼果子的是卖一天换一个地方的。如果有一天他不来，你还想他。就像原来我们学校门口卖驴肉火烧的一样，上学的时候每天去买驴肉火烧，没有什么感觉。毕业十年后，回去看了一下，他还在那儿卖驴肉火烧，就很有感触。他在我们心目当中的形象和我们在他心目当中是完全不一样的，我们对他来说就是一个顾客，每年都有一批新人来买驴肉火烧。但是他对我们来说就是一种回忆，我们是流失的，他是恒定的，所以时间是不变的，流失的是我们。这就是固定的价值。

固定活动之外就是不固定活动了。这些活动随机性比较强，规模可大可小，大部分出于会员的主观能动性。比如说有一些突发的事件大家可以一起参与，比如说一些促销活动，大家可以去抢购，比如说不同地区的会员可以进行一些线下见面的小活动。这些活动主要是为了丰富社群的活动体系而组织的。我们曾经组织过会员出国，因为大家之间比较有感情，所以玩得非常开心。有时候还会有一些突发事件，比如支付宝开了校园日记，很多人去做引流，加了很多高端的网游，但是你晚了两天，可能就加不到了。

除了固定和不固定的活动，还会有一些持续运营的行为需要社群领袖去考虑和执行。比如说不断地创造内容写文章，整理文章，做视频等，记录社群发展的历程，分享社群的活动和经验。同时注意向社群内注入资源，包括自己的经验、人脉、知识这些虚拟的财富和一些产品的优惠、场所的使用，以及一些品牌活动促销等。这样主要还是为了提升社群的影响，增进社群的凝聚力，同时打响社群的品牌，这样社群的知名度越高，给会员带来的附加值就越多，未来的发展就会更轻松和容易。

最后还有一个非常重要的环节，就是了解会员的资源，撮合会员之间的合作，由群主来承担一个背书和保证的作用，解决会员之间的基本信任问题。当然，在合作过程中，我们一直提醒大家要注意风险，尽可能采用更为合理的方式来进行合作，由群主来做一个保障，就好像支付宝一样。对于重要合作，钱先打到群主这里，收到货之后再由群主来支付。一般的销售通过淘宝这样的平台来实现，以避免一些私人转账的风险。

社群社员之间的亲密度还是需要有一些把握，因为如果大家过于亲密则很容易产生利益冲突，而如果大家之间比较冷淡，那么社群也会缺乏凝聚力。但是前者的风险可能会更大一些，因为很多人出于社群感情会进行一些资金上的往来或者投资，但是事情的结果却往往难如人意，这样就会造成更严重的伤害。所以如果无法把握这个度，或者说社群所在的领域相对来说风险较高，那么我们还是建议冷淡一点更为安全和持久。

总体说来，社群最重要的就是活动和运营，良好的活动设计和成熟的运营会让社群的活跃度提升，影响力增强，为今后的发展打下很好的基础。而如果缺乏这种能力，那么就很有可能会消耗自己的信任，大家相信你加入后并没有得到满意的服务，那么后续的发展就会成问题。因为社群的种类很多，我们只能在大框架下给大家做一个简单的介绍，具体在执行过程中还需要大家自我摸索和总结，也希望大家能够把这个结果拿出来跟更多的人分享。

65 社群的推荐机制

社群要发展，一方面要社群的领袖有魅力，另一方面则需要社群的成员愿意推荐，二者缺一不可。这里给大家分享一些推荐的机制，可以帮助大家更好地发展自己的社群。

推荐模式

设立一个推荐人制度，比如说 NBA（美国男子职业篮球联赛）名人堂，你想加入，要由名人堂的成员推荐。马云的湖畔大学就是这样的，你想去湖畔大学读书的话，必须有湖畔大学同学推荐你。这样机制的社群门槛比较高，因为一个水平的人往往会推荐同样水平的人。从公司的角度出发，内推来的员工比市场招来的员工也更靠谱，所以大公司是靠内推的，真正招聘来的其实很少。这也告诉你在平时工作的时候混圈子是多么重要。所以对于运营比较深度的社群、相对高端的社群，采用推荐制度是一个核心价值的保证。

裂变模式

很多社群可能并不高端，提供的服务也比较简单。比如说一些文档资料的分享社群，会员可能就比较混杂，也不需要维护什么活动。那么这个时候采用裂变的方式可能就会快很多。你可以提供更高端更有价值的内容给会员，但是要求会员分享你的广告。这可能会形成一个很好的引流，同样还是基于之前的原则，什么样的人身边也是什么样的人，你目标客户的身边，可能就是你的目标客户。这样的裂变模式适合门槛不高的社群，收费也比较低，服务比较标准化，人们可以很容易形成付费购买。比如就是收 199 元分享一年的培训资料或者最新策划方案之类的，就没有必要用推荐这种方式，直接用裂变比较好。

消费裂变

消费加入之前提到了，这里还需要仔细地讲一下。首先你从自己的客户中进行挑选，实际上是比较容易的，因为他本身消费你的产品了，第一对你有信任度，第二你拉他进社群认识新朋友，其实是给他的消费带来增值，所以一般是不会拒绝的。而在消费加入之后，可以采用消费裂变的模式继续推广，比如推荐多少人加入就免费送他一套产品。这其实等于是在花钱引流，当然成本完全可以通过他推荐的利润摊掉。就算赔点钱也是值得的，因为只要你的产品足够好，就会有二次消费，所以你完全不用担心最后会赔钱。只是不建议通过返钱的形式来进行，这样大家会觉得他的推荐人赚了他的钱，可能会影响他们之间的关系，继而影响整个群的氛围。

背书推荐

你做了一个社群，自然要做自己社群的品牌，不管是你自己吆喝也好，找别人推荐也好，都是要持续地做下去的。因为坚持，所以曝光会不断累积，最终你的社群会从一个普通的社群成为一个圈子里有广泛知名度的社群，继而最终成为一个有广泛社会知名度的社群。这个过程还是非常有价值而且非常重要的。所以你必须要有人给你背书，自己给自己背书，社交平台给你背书（比如制作自己的介绍、说明、百度百科词条等）。通过这些背书，你还有可能获得一些奖项，那么这些奖项也会成为你的背书。你经常去参加一些活动，进行公众演讲，那么在演讲过程中，也会不断地有品牌的积累。这种背书推荐的模式，也是一种必不可少的推广模式。

地推模式

地推是一个比较重要的推广模式，尤其是对于产品社群来说，在地面上进行自己的产品推广销售，然后拉相关的客户入会，都是一个很扎实的工作。很多人不想走到线下去，其实这不是一个好现象。在线下的推广尤其有效，尤其是让会员帮助进行地推，或者在会员的经营场所摆放广告推广，都是很好的方式，而对于会员来说，其实也在增加他自身对客户的吸引力和运营能力。

最后要提醒大家的是，短期做社群靠引流，长期做社群靠品牌，品牌才是长期价值，而且不断增值，一定要很珍惜品牌，不乱发消息，也不乱转介绍，更不乱推荐产品。因为每次背书都是一次损耗，很多人相信我做了什么东西，如果没有赚钱，他会觉得我这人不太靠谱，实际上都是消耗自己的品牌。变现太多就容易把品牌透支，慢慢就做不下去了。

66　做社群的初心

前面说的很多都是做社群的技巧或者规则，但在这里需要强调的还是做社群的初心。换句话说，就是你为什么要做社群？很多人做社群的目的是为了变现，这个目的也对，但也不完全对。社群是社交变现的一种途径，但不是变现的目的。即我们做了很多内容或者工作，创造了很多价值，吸引了很多粉丝，我们可以用社群的这种方式来变现，而不是我们为了赚钱去做一个社群。

如果你想让一个社群能够长久地运营下去，最核心的问题在于你创造的价值和对这个社群的付出。如果只是为了变现去拉群，为了收钱找理由的话，那么社群最终还是无以为继的。其实大部分人做社群最大的问题也在这里，为了能够吸纳会员，做出了很多承诺，但是在最后的运营过程中可能效果并不好，也可能没有办法坚持住。如果真的是这样，那么当初所做的承诺就面临着失信的风险。而失信带来的，有可能是第二年的销声匿迹，也可能在当年就会分崩离析。

我们建议的是，专业的人，有积累的人，愿意付出的人，有一定成绩的人，通过社群来让自己的价值变现。所以我们更希望大家能够在某个方向或者专业有所研究，在有一定的积累之后，选择用社群的模式来进行变现。

当然不管我们怎么说，还是有人会选择急功近利，通过社群的方式来进行圈人。这种情况实际上也和微商很相似，正正经经做生意的人可能比不上圈钱的人做得更快，赚得更多。但是大家一定要明白，互联网是有记忆的，你的每一个成长都会被记录下来，如果你还有很长的时间会在社会上奋斗，那么最好珍惜你个人的品牌，不要为了眼前的蝇头小利，最终彻底消耗掉了自己的社交资产。一个损失了信誉的人可能在未来会遇到更多更大的困难。而一个品牌和信誉好的人就算遇到一些挫折，也会很容易在别人的帮助下重新站起来。

虽然我在这里教大家如何去做社群，但本质上我还是希望大家能够在某个自己擅长的方向有所建树，并且通过社交平台把自己在这个领域的积累传递给更多人，帮助更多对这个领域有兴趣的人成长，从而积累自己的社交资产，实现自身的价值。

其实写到这里你可以看出来，在我写的这两本书里面我都希望大家能够在自身的格局和高度上有所提升，提升之后再通过技巧和方法来实现自身的逆袭和跨越。但在现实生活中，更多的人并不专注于自身的提升，而是专注于研究技巧和方法，这实际上是无源之水、无本之木。就算在短期内见到了效果，赚到了一些钱，但是最终的结果往往是德不配位。这也是我这两本书里一直在重复的观点。当然，比较遗憾的是这个观点是反人性的，对于普通人来说，他们更希望的是捷径，而非积累和提升人性，这才是阻碍你成功的最大障碍，至于技巧和风口，则是一直会存在，并且不断循环的。

有一段时间我们甚至会发现，做得比较成功的自媒体大多是出于兴趣爱好而很少是刻意为之。当这些账号做起来之后，它带来的财富超出了当初做号时的想象，而一开始就奔着赚钱去做大号的往往很难成功，就算成功了，也往往会在一些特殊情况下遭到灭顶之灾。因为这些账号在崛起的过程中，为了圈粉，多多少少都有打擦边球的行为，所以最终被封号也是不意外的结局。

对于社群而言，因为我们不追求过大的规模，所以更加强调深度运营，大力发掘每个会员自身的价值，从而实现整个群体的提升和飞跃。这其实也是一种克制，很多人喜欢建很多的群，也有社群号称会员过万，但这种只能称为是拉群行为，并不能算是一个真正的社群，而实际上他们运营的结果也并不是特别理想，因为他们缺乏足够的管理能力去驾驭这么多会员。

所以社群是一个比较好的模式，但是大家也应该注意自己的初心，你开始做它到底是为了什么？这一点一开始就要记清楚，尤其是在你赚钱之后更要记得坚持为社群付出，回馈会员。当然，根据经验来看，这些话说了也是白说，希望大家能看进去吧，早日战胜自己身为普通人的人性更为重要。

67 社群的一些套路

做社群有好的一面，当然也有不好的一面，毕竟你会组织起很多人，而每个人都是不同的。在人和人的交往和碰撞之中会产生很多的问题，而如何处理这些问题又成为运营社群的一个非常重要的因素。

首先，我们需要面对的是一些负面的声音，这些负面的声音最开始是来自你过高的承诺，如果你承诺太多而又做不到，那么就会有人反对你。处理这种问题的方法，我们建议是退费退会。你会发现，如果采用这样的政策会出现很多人进来加人，加完人之后要求退费。尽管我不认为他们能够通过这种方法获得多大的成果，但是我依旧不希望助长这种风气的蔓延。

我的折中办法是，假如你加入这个社群后，在一段时间内可以退会退费，超出时间后就不再退了。同时在汇款过程中，我们会根据时间的长短扣除一部分费用，比如说如果你加入一周后退费可能会扣除 10%，如果你加入一个月后退费可能会扣除 20%。有意思的是尽管 10% 和 20% 都不是什么大钱，但是这样的规则却很好地挡住了这一批完全不想付出的人。采用这样的政策后，退会的比例大幅下降了。

在处理会员关系的过程中，我们还是要采用一言堂的管理方式，不能够进行民主讨论和投票，否则只会带来社群的分裂。而在社群中有很多人，之前没有经历过这样的事情，但本身又具有一定的煽动性，所以社群中不可避免地会出现小群体，而这种小群体往往是社群分裂的先兆。因为大家都出去拉小群了，确实在短期内会提升小群的活跃度，但是从长期来看，小群也面临着变成大群从而归为死寂的问题。所以我们一般严格禁止拉小群，如果发现的话，会采取开除的方式，这样虽然从短期看可能会损失一部分会员，但是从长期看会保证社群的稳定。这个问题可以在一开始组建社群的时候就跟大家有言在先，也要告诉他们拉小群的风险。

在社群中我们要一直提示风险，因为虽然大家看似聚成了一个群体，但是彼此之间并不熟悉，很多人基于社群关系过度相信其他会员，也出现过很多被骗财骗色的事情。所以不太提倡会员过度紧密地合作，如果要合作，社群一般不参与其中，让双方风险自负。

另外一个问题就是分支机构的建立。有些人很喜欢干这样的事情，成立各地分支机构，山东的、北京的一大堆，成立完了之后，活动、培训、成长营，搞了半天，最后钱没了大家都歇了。同时这种各地建立分支机构的形式也存在一定政策风险，所以建议大家尽量不要采用，要克制。

还有一个问题则是需要注意小群体的加入，因为有些时候会有一些别有用心的小群体加入你的组织。之前我就遇到过这样的事情。这个组织大概有七八个人，七八个人统一加入某个社群，加入之后，他们七个人假装不认识，互相帮腔抬轿子。一般情况下大家加入社群都是自己加入，非亲非故，也很难迅速获得大家的认同，需要长期坚持付出，跟别人交流。但是这个小群体是互相捧场的，有人说一句其他人就跟着附和，很快就形成了一个小圈子，而这样的小圈子又具有吸引更多人加入的潜质，从而实现他们圈人的目的。这事我是后来才发现的，因为这些人老说话，属于积极分子，第二年却没有续费，当时很奇怪，我觉得这么积极的人不续费似乎没有道理。后来另外一个社群的领袖问我说，这几个人，原来是不是你那儿的？我说是的。他说，现在他们统一要加入我这儿，我想问问你行不行？我就突然明白了。

所以做社群是一个非常考验人性的事，你能在其中看到各种各样的表演，看到各种各样人的性格，这其实是一种很好的学习和成长。在这个过程中，我也吃过很多亏，但最终还是走下来了，所以对于大家来说，有些路是绕不过去的，还是要一点点地去实践。

68 社群如何变现

做社群非常重要的一个环节就是变现，如果无法产生收入，那么社群就很难做下去。就算是大学的社团也要收取会费才能够维持下去，所以虽然大家都不太愿意谈钱，但这又是一个大家非常渴望了解的方面。

社群变现模式大致分为四种：会员费、业务收费、产品销售和广告收费。根据不同的社群类型，可以单独采用或者综合采用。一个合适的收费方式，是社群成功的一半，从定价合理开始到收费模式容易被接受，再到付费流程通畅都是我们需要考虑的问题。

目前国内社群低端一点的大概在 200 元左右，比如 99 元或者 199 元这两个数字几乎没有什么门槛。比较中端的大概在 1000~2000 元左右，相对来说加入的人会少一些，但整体素质会高于平均水平。高端社群收费在 10000 以上的也有一些，这些社群的规模较小，主要是一些企业主，有时候还有一些是培训机构的客户群。从我个人的角度来说，不建议做很高费用的社群，别人付费越高，用户对你的期望和要求越高，而一般来说得到的实际收获往往不及预期，这种落差可能会给社群带来负面评价。只有大家都觉得服务超值，才有可能产生新一年的续费和口碑推荐。

第一类服务分享型社群，以会员费为主，销售收入为辅。不过在这类社群中，如果和营销相关，可能在销售产品上也会有不小的成绩。

第二类产品销售型社群，以销售收入为主，会员费收入为辅，99 元或者是 199 元加入赠送一套相应价格的产品比较常见，如果产品相对稀缺或者服务周期比较长，也有一次性收较高费用的。比如说一年收 800~1000 元，可以给你供一年的水果等。

第三类兴趣爱好型社群，以销售和活动收入为主，会员费为辅。以组织活动为核心，组织大家登山、野外徒步之类的收费，中间留有一些利润。

当然所有社群都可以收会员费，就是费用的多少而已。如果你有其他收入的话，可以少收点会员费，只做一个门槛。而如果没有其他收入，就可以多收点，来保证社群的运营。

业务收费和广告收费，则需要用户素质比较高。比如培训行业、体育运动、文化收藏等，这些人群比较精准。广告收费主要取决于品牌商对你的认知，之前有一个社群联盟，有几万个群给企业发广告，好像做得还不错。为什么要说好像，因为有一天他们的头过来找我请教问题，我建议他去“在行”约一下 1000 元钱一小时，然后就再也没有消息了。

在这里我们不光要看收费的价值，还要懂得会员的价值。之前有一个会员做指纹锁，他总向我抱怨，锁卖出去之后他就不想再接到客户的电话，因为只要接到电话都是售后维修。后来我就跟他说要换一个思路去看待这个问题，你的指纹锁 5000 元一部，你想什么人家里要用 5000 元钱的门锁，肯定是有一定消费能力和水平的。我建议他每年去给他的客户换电池，增进和客户之间的关系，然后通过其他的业务，用朋友圈销售来赚钱。这就是思考问题的方式不同带来的结果不同，其实每个用户都有价值，而高端用户有更大的价值。你需要做的是如何让他们和你发生关系，建立社交资产，然后寻找到一个合适的变现模式，不管是卖货还是社群，都是一个非常好的选择。

变现，在很多人眼里是一件非常困难的事情，但是如果你按照我之前教给你的方法去做，把我之前说的社群运作流程回顾一下，从策划到后来运营执行，如何注重品牌和打造产品，这样坚持下来，你会发现赚钱只是一个水到渠成的事情。毕竟赚钱就是来自价值的交换，只要你创造足够的价值，就一定能赚到钱。

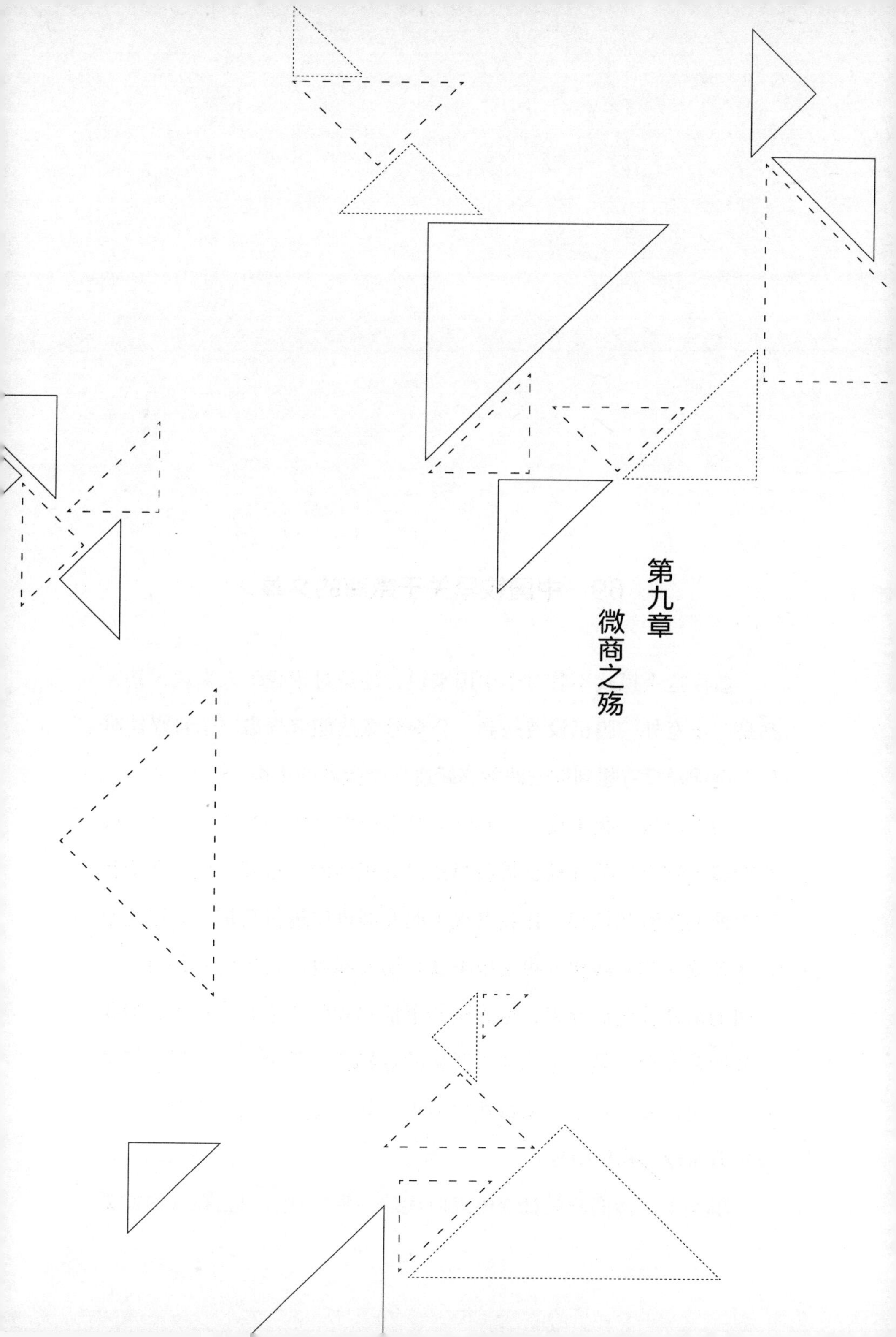

第九章 微商之殇

69　中国较早关于微商的文章

微商这个模式不管对于中国来说，还是对于我个人来说，其实都是一个意外。腾讯没有想到，公众号竟然能够开启一个自媒体时代，也同样没有想到朋友圈能够缔造一个微商的帝国。

朋友圈对于我来说，一开始只是很早发现的一个营销机会，最终能够走到今天的规模也是我当初没有想到的。这其实也是基于我对微博的运营和认知，让我发现了朋友圈可以进行营销，并迅速地将其理论化和实践化。我是很早就写朋友圈可以营销的人，也是很早期的微商营销倡导者，尽管这些事情和我的主业并不相干，但我一开始就觉得这是一个普通人逆袭的好机会，甚至可以说是极其罕见的机会，所以尽管后来行业发展不尽如人意，但我一直对这个行业抱有希望并积极引导。

事实上，微商只是社交电商时代的一种形式，只是在人的欲望驱使下没有走出一条正规的道路，我看到了太多的起起落落、悲欢离合。究竟这个行业是一种什么样的情况？现在又发展到了什么阶段？未来又会有什么样的变化和机会？这是我在本章要跟大家分享的。必须要说的是，我在这一章的描述和观点都是专业、真实而且可靠的。

2013 年 5 月的这篇《微信朋友圈的生意经》是目前看来，中国较早的关于微商的专业报道文章，可以说是打开了这个时代的门。而这篇文章恰恰是我写的，我算是最早关注微信朋友圈营销的专家了。经历了几年的发展，看到微商的起起伏伏，相信我的理解和判断，依旧是这个行业里最准确的。

下面是当年的文章正文：

微信很火，很多人想在其中发现商业价值，但是目前看，被寄予厚望的公众平台并没有很好地实现这个目标，之前最大的什么自媒体联盟听说因为广告分成还打起来了。但是有心栽花花不发，无心插柳柳成荫，微信朋友圈的商业价值开始被很多人发现，并做出了很不错的成绩。

微信的朋友圈之前我并没有看好，但目前看，我忽略了其商业化的价值。这实际上是一个熟人圈微博，本来觉得分享的意义可能就在熟人间的感情交流、打情骂俏什么的，却忘记了，熟人的信任关系是开展商务的优良土壤，甚至已经超越了淘宝店的效果。

我一个微信朋友一天的交易额大概有 7 万元，一个月的交易额下来 100 万左右，做的是泰国佛牌的生意，人员非常少，也没有什么网店之类的维护，就是在泰国到处逛荡，发自己遇到的大师做的佛牌，然后朋友圈的朋友和牌商会私聊订购，之后那边就可以直接发货。她做了没有几个月，已经在曼谷买房安家，专门搞这个了。而就她本人说，她做阴牌只是她微信圈的前三而已，阳牌还有做得更大的。（这个小姑娘中途因为身体原因，退出了微商经营。）

我微信圈另一个朋友，是做美睫和美甲产品的，她在这个行业做了十年，最近开始创业。团队一共两个人，自己有自己的产品和渠道，然后利用自己的经验进行培训销售一体化服务。微信圈分享新产品，一样的方式，客户和代理看到后，就会下单订购，或者邀请她培训。培训的价格大概是一小时 1000 元，培训完进货后的单价大概在 2 万 ~5 万元，目前公司执照下来大概三个月的时间，投资大概是不到 20 万，已经完全回本，而且已经有了差不多 30 万的利润。比较可怕的是，这些客户是不断积累的长期进货的。如果说做到 100 家客户，随便用脚也可以算出来，一个月的销售额可以轻松过百万。而且并不需要增加太多的人力，比淘宝店运营简单，不需要拍照美化，一个手机就搞定了。大家可以关注学习，但是谢绝采访哦。（这个小姑娘这几年赚了两三千万，已经北京买房安居了。）

类似的账号还有很多，比如珠宝的，奢侈品的。举这两个例子，是因为我确切地了解她们的真实收入和运作的特点，能够比较准确地进行对比分析。

然后我们总结这个微信圈的商业模式特点。第一，专业化程度高，有一定的门槛，行业比较小众，没有大公司、大品牌横行。第二，客单价比较高，无论是宗教产品、美容品批发，还是奢侈品珠宝。这样的话，不需要太多的客户，一对多维护百人左右的规模，就可以达到不错的销售额。第三，客户是不断积累的，靠关系维系的，有信任度，是不断增加的，这和电商的引流转化模式有很大的不同，而且用户评价是完全区隔的，一个人的差评不会干扰其他人的选择。第四，比起公众平台来，不会因为推送而打扰用户。用户没事刷刷朋友圈，就可以看到自己感兴趣的产品了。实在是居家旅行之必备大杀器，比什么口袋购物之类的 App，简单、方便、有效一百倍，真正的小而美。（这是最早期微商以零售为主的特点，随后就被代理制度替代了。）

之后和朋友谈这样的商业模式，说我们能不能做一个微信销售的平台，发展很多的人去代理产品，这样大家运营一段时间，我们就有了很多粉丝的销售渠道，其实还是蛮有意思的探索。这里面有一个问题就是，我们招的代理，要用我们自己提供的微信号，才可以保证平台对个人的掌控性，这样校园代理什么的也会方便管理很多。只是目前看，规模化运营还是有一定的困难，但确实是一个方向。（当时也提出了代理制度的想法。）

朋友圈电商真正地去把社交关系，变成了摆摊的电商平台。我隐隐觉得，这将是一个社会化营销的大方向，很璀璨，生命力很顽强，门槛很低，每个人都可以搞，而且没有大平台去管理，也不存在管理成本。因为是完全靠个人的关系和信誉维持的，我们也不用担心假货问题和坑人问题，他很坑，自然就会被用户淘汰。因为微信也不具备大范围推广传播以及引流的能力，所以也没有钓鱼风险，这种社会化的关系会比较真诚，没有同平台竞争，竞争压力自然就很小。它几乎是完美的移动电商模式，只是产品适应性不是特别广泛，也没有直通车之类的引流手段，完全是靠自己一点点苦心去经营的，前期付出多一点，但用户保质期也很长，结合批发会更好。

目前有一个做纯粮食养猪的朋友，我建议他也这样去做自己的客户，因为粮食养的猪肉大概价格在每斤 40 元以上，消费者也是比较精准的人群，而且还是易耗品，如果能维持几百客户，每个月也能卖出几千斤的猪肉，这种流水，对于个人经营来说，已经非常不错了，而且还可以深度进行养猪的定制，客户委托培养粮食猪，逐步可以进行产业化的升级。（养猪的这位朋友，最多的时候一个月可以卖 4 万多斤猪肉，后来回东北照顾老人，就没有继续做。）

谁说创业一定要做大生意呢？一两个人，一个月赚个七八万，不也挺舒服的吗？

70　微商最大的门槛是人性

其实一开始，大家都觉得做微商是没有门槛的，后来发现，微商这个事情也并不是没有门槛，反而门槛会更高一些。因为其他行业的门槛都是投资、技术、代理之类的，而微商的门槛则是人性。

在 2014 年那个时候谁都可以做微商，百分之四五十的人都赚钱了，如果放到三年后来看，2014 年开始做微商的赔钱的可能几乎没有。但是到了今天，确实有一些微商赔钱了，而且很多还是当年比较成功的微商，最后却一夜回到解放前。这让人不由得去思考，到底是什么地方出了问题。后来发现，不论是模式的进化还是产品的方向，最终都逃不开人性的驱使。有时候你甚至会觉得，直销的制度反而更容易遏制人性，起码大部分人只是拉你入伙，很少鼓励你投资很多钱。但微商并不是这样的，代理制度的开放性，使得很多人对让人一次拿个大代理乐此不疲，其实很多时候，已经近乎欺骗了。因为大部分人其实没有能力去承担这样的压力和后果，脑子一热也就稀里糊涂地进去了，最后压了一堆货在手里。

从一开始，代理模式肯定比零售模式快，所以代理制度很快把零售的这批干掉了，至少说分化了，做代购的现在叫代购，很多人并不觉得是微商，让微商变成了特指的一群人。其实一开始的代理制度不用囤那么多货，后来大家发现囤货比代理还快，大家就开始鼓励囤货了，还出了很多鼓励囤货的文案，似乎不囤货就发不了财。随着市场的泛滥，单纯微信沟通让囤货慢慢行不通了，大家又发现开会洗脑刷卡要比刷朋友圈招代理快，然后就直接开会成交。10 万、100 万这么刷，确实是非常有效率。后来开会收钱也有些困难了，又诞生了分代理模式，只要你交多少钱，我就分你多少代理，又吸引了一批人。不过可以想象，这个模式也是缺乏可持续性的。所以，坑钱总比赚钱快，既然能坑钱，为什么还要辛辛苦苦地赚钱呢？其实这些事情和制度什么的关系都没有那么大，只是这个过于自由和宽松的制度，放大了人的欲望，最终让人沉溺其中无法自拔，甚至有人不断地投入更多去碰运气，碰了几次，老本也就亏光了。

这个情况和电视购物是很像的，电视购物在干什么？电视购物永远是找下一个爆品。电视购物结局是什么？死在一个看错的爆品上，和微商是一样的。看中这个产品，我觉得能火，生产出来了，电视一播出去，没有卖起来，剩一堆库存，广告费，七加八加，公司就倒掉了，老板可能也就破产了。

这个领域也是风起云涌，你看到很多大团队领导，“爆品王”什么的，他们原来都是做电视购物的，基本上没有一个公司活到现在的，总会死在最后一拨。很可怕，你永远赌下一拨，很容易在最后一拨死掉。所以炒股圈有一句话叫，不是看你赚得多不多，而是看你活得长不长，或者还有一句话，不是看你赚多少，而是看你什么时候离场。

至于说赚到钱了，乱投资最后重回解放前的，那就是另一个人性故事了。所以我总说，德不配位的钱，怎么来的最后往往也就怎么回去了。

我曾经从大熊会开除掉一个小伙子，后来这小伙子把团队做起来了，巅峰时期也有千万的月流水，上百万的月利润。我一度认为是我走了眼，看错或者低估了他，结果前不久听说，投资失败，已经负债数百万，不但重回当年，而且更惨了几分。跟我说的人最后说，就从这件事上，对我佩服得五体投地，要继续在大熊会看我怎么走。我一直说，赚钱其实并不是一件难事，难的是能驾驭这些财富。如果德不配位，早晚是要被耗进去的。当然，这些话你跟很穷的人说是没有用的，因为他没有感知。但是你对那些赚到钱的人说，他是有感知的，因为不出意外的话，前两年微商赚到钱的人，现在都已经在大幅失血了。

其实如果你能克服人性的贪欲，坚持去做一个好的服务和好的产品，那么微商也是一个不错的创业方式。我见过坚持几年卖一个产品的，最后虽然没有暴富，但也在三线城市买了几套房，收入比工作的时候还是高很多。还有一些坚持卖和田玉、翡翠之类的，客户越来越多，销售额也越来越大，其实过得还是很不错的。

所以微商不是一个商业故事，而是一个人性故事。也没有什么做微商发家或者不败的秘诀，大部分时候，核心都只是在做人，你的每一个选择，都会决定你最后的结果。如果过于追求变现，压货之下，团队可能就被压死了。如果有良心和耐心去帮助小代理动销，那么最后大家可能还会跟着你去做更多的产品。这其实也是整个社交电商行业的一个问题，就是如何把握变现的度，包括网红和自媒体同样存在这个问题，尤其是网红，不断变现粉丝购物之后，能否持久发展，也是个很大的问题。

行业有潮起潮落，风口来的时候，谁都可以一飞冲天，风口过去后，则注定鸡毛满地。索罗斯曾经说过一句话，繁荣早已耗尽了他的力量，但是为了避免一场显而易见的大萧条，它被人为地延长了。如何延长？就是各种新模式、新圈钱法，小代理玩不起了，大代理忽悠大代理，就把之前的钱一点点地吐出来了。虽然很多人还是赚了一点钱，但是底子还远远不够，耗不了多久或者折腾不了几次，就基本返贫了。有道是由奢入俭难，过惯了月入数万的好日子，还能去做天天上班的小文员吗？

所以看多了微商，也就看多了人性。

71　微商模式的十大问题

从 2013 年初我写了第一篇朋友圈营销的文章开始，微商模式开始兴起，到现在已经有四年多的时间了。因为我谈微商比较少了，很多人说我退出继续做自媒体了，其实也并不是这样。之前关于 2016 年微商方向的演讲在喜马拉雅 FM 上也有接近七万的收听量。这个行业只有人思考圈钱，没有人思考方向，其实是挺可悲的一件事。

这几年微商模式并没有什么明显进步，传统代理流、微店系统流、直销传销流的结局其实都是一样的，都是会不断地衰减。毕竟你想突破一个模式，你的思想必须高于这个模式，但大部分人身在其中，自然只能用自己之前的经验来修修补补，做会销的就把微商做成了会销，做直销的就把微商做成了直销，做电视购物的就把微商做成了电视购物，有很明显的路径依赖。这也是我常说的，人的成就无法超越他的思维格局。

我想了一下，微商模式至少要解决以下几个问题：

1. 代理压货是主流，货都在渠道中，零售比较难。

2. 如果单纯零售出货，自己流量不足，销售不起量，纯耽误时间。

3. 下级发展得比上级好了，不愿意跟上级干了；下级发展得不如上级好了，但是想单干，都是问题。

4. 没有新的团队拓展能力，导致团队逐渐流失消亡，也就是引流问题。

5. 爆品不过三到六个月的生命周期，压完货剩下的就是散货周期。

6. 微商公司其兴也勃，其亡也忽，意思就是起得快，死得也快，然后大家就又做新公司了，导致商业模式无法稳定，一直处在蛮荒之中，也不被投资人看好。

7. 大家想建实体，但是建不成实体，因为团队死得都很快，何况实体店。

8. 产品越多，越难卖，产品少了，压货压多了也不好增长。

其实微商的本质是社交电商，和微博的网红经济对应，是微信社交带来的一种商业模式。它的前途一定不仅于此，只是你要改变，其实需要客服很强的思维惯性和既得利益。毕竟按照传统模式做，多少还是可以赚钱的，如果抛弃这其中的一些设定，可能赚钱不会那么理想。

但是从我的格局逆袭角度来说，一个没有前景的事情，就算赚钱，也是没有增长，毫无意义的。

我们曾经尝试过用社群电商的模式去改造微商模式。

社群电商，顾名思义就是以社群为依托，而不是以团队为依托。听过我课的人都知道，我说过“1000 粉丝理论”，你只要有 1000 个粉丝消费，就可以长期养活你自己。这个依旧是我们新商业模式的基础理论，只是现在变成一个群 500 人。还有一个前提是，我们的产品是需要有终端消费者的，如果人人都是卖货的，最后依旧是击鼓传花的游戏，最后还是要自己都用掉，所以这两点是改良微商模式的基础。

我们将社群电商只设计了两级，群主和预备群主。群主顾名思义就是这个群的老大，预备群主就是未来的群主，只是目前还没有能力拉群，其他的都是社员，不需要销售产品，只参与活动。比如减肥社群，群里的人只是要减肥，并不要卖货。除了群主之外，其他人也不需要囤货，就解决了级别多和压货问题。通过预备群主或者广告找到的所有客户都会放到群里，由群主服务，这样就解决了引流问题。预备群主在群里学习发展得比较好了，可以单独出去建群，建设自己的 500 人消费群体，只做 500 个消费者，如果人均让你赚 1000 元，其实就是 50 万元，也是相当不错的收入。尽管积累 500 个客户需要一些时间，但并不会特别难。

让赚钱的人好好赚钱，让消费的人好好消费，我觉得是理性模式的一个选择。不过既然选择了理性，那么在拓展和赚钱方面确实会不如那些疯狂的人，所以很容易形成“劣币驱逐良币”，最后大家还是纷纷跑去招代理去了。不过这个新模式还是可以给传统企业一些启发和思考，比如说可以应用到一些领域，生鲜水果消费，或者酒类的用户管理和拓展。在这里我只是在探讨一个思考模式，希望对大家有所启发，参考自己的行业去实践。

72　企业用微商模式的风险

很多企业，看到微商模式比较赚钱，成本又比较低，就都想采用这种模式来作为一个渠道。事实上，几乎所有的国产化妆品公司都曾经试图建立自己的微商体系，在后期很多药厂也都推出了自己的各种保健产品，想用微商捞一桶金。甚至还有日化厂商做过一些日化产品的微商探索。

但事实上，从目前的结果来看，大部分都是一地鸡毛。

从渠道角度来说，微商这个模式和批发没有什么不同，只是在招商和人群上有很大差异。更重要的是微商运营模式和传统企业有很多格格不入的地方，所以传统企业进军微商会遇到很多问题，有些问题几乎是没有办法解决的。

第一个核心问题是微商体系和自己传统体系的关系。有比较著名的化妆品公司曾经把自己的产品引入微商，最后却造成了代理商和微商串货乱价的灾难性后果。因为一开始微商体系出货比较猛，企业也比较满意，所以又加大了力度。但企业没有意识到前期做得好是因为自己的品牌背书，但是大量产品压出去后，终端销售无法迅速跟进，导致了微商体系的货品滞销。这时候微商的选择是不计成本地把货清到代理商渠道，结果一下子就打乱了整个代理商体系的运营，几乎造成灭顶之灾。后来这家公司选择独立品牌来进行微商拓展，把微商体系和代理商体系完全分开，但发展速度就一下子慢了很多，最后不得不放弃。对于这家企业来说，尽管微商业绩还是不错，但对自己整个公司的发展并没有起到好的作用，甚至差点毁掉了自己的代理商渠道，这是第一大风险。

第二个核心问题就是生产问题。微商有一个特点，前期起盘的时候大家非常踊跃，往往在第一个月就形成了数千万的销售，让很多厂家根本没有能力备货。当厂家开足马力开始生产之后，一般会根据前期的销售情况进行第二阶段的备料，这个时候问题就来了。微商销售非常不稳定，有可能第二个月、第三个月就会有一个断崖式的下跌，如果承诺退货可能很多产品还会退回来，这个时候下一个阶段的原料已经备好了，往往是参照第一个阶段的销售额来备的，这样一下子就全部浪费掉了。之前我见过一个大品牌的面膜，后继销售不及预期，前期预定的数十万包装盒就全部压在了印刷厂，连尾款都没有付，最终导致数个包装厂因此破产。所以微商这种销售特点，对于供应链来说是一个很大的挑战。大部分的正规厂家都缺乏这样的生产经验，所以在订货和排期上往往出现很多风险。

第三个核心问题是未来发展问题。因为微商都是爆品驱动，每三到六个月就要出新品来刺激市场。那么如何选择下一个新品，下一个新品备货多少，下一个新品订货不高怎么办，都是让人头痛的问题。我见过一个做得非常不错的微商公司，因为不知道哪个产品会火，一口气推了几个产品，最后一个也没火，只能陷入困境。所以在可持续发展方面，微商模式对于传统企业来说是一个很大的挑战。

那么传统企业转微商有没有成功的呢？严格地说，类似海尔的微店模式还算是比较成功的，就是通过用户的推荐去其微店来贩卖家电，可以获得一些提成。而家用电器又不存在压货的问题，同时又是一个强需求产品，所以当你给消费者一个可以分享销售的机会时，他们还是愿意去尝试赚一点小钱的。除此之外，用传统的微商模式来做的企业还没有非常成功的案例。

不过采用类似微商的分享模式，让自己的客户帮忙推销产品确实有很多比较不错的案例，只是客户通过这样的方式进行分享，更多的时候，只是获得一点优惠，不会有人去劝说他这样做会发大财。所以总体来说也不能完全算是微商模式，只能说是微商思想下的社交电商尝试，这样的尝试对企业还是有好处的，也不复杂，只是吸引力没有那么高，动力也没有那么强，大家不要抱太高的预期就好。

对于传统企业来说，微商属于彼之蜜糖，吾之砒霜，如果没有充分的了解和把握，就不要投入太多的资源和精力。

73　赚不到大钱的微商还能做吗?

事实上，微商行业已经进入尾声了。所谓尾声也就是，第一，没有什么人好圈了；第二，没有什么钱好圈了。我估摸着“难民潮”该爆发了，压着一堆货，投了一堆钱的人在这个当口，应该冷静地思考一下，自己都干了些什么吧。当然，很多人即便知道这一点也不会停下来，而是开始做新的局来继续洗剩下的幸存者了。

微商在2013年之前大家都没做过的时候，是风口，然后就是2014年的爆发，2015年断崖式下跌后出现两极分化。微商这个行业最大的问题就是从业人员水平比较低，在商业模式上的创新能力还是比较弱，基本到了最后，都要学习其他已经成熟的制度体系，很多人直接带着团队去做直销去了。直销已经是发展了几十年的商业模式，最终的结果如何，已经不需要预测了。

2016年大家都醒了之后，就出现了两种情况。一种情况是不做了，反正也赚不到钱，这种情况的比例非常高，这其中也包括一些大咖，他们的团队基本分裂流失了，自然也就散了。另一种情况是，还要坚持，一是因为也找不到什么更好的机会，二是因为行业不死，好好做的也还有小机会。

2016 年后的微商就好像这两年的淘宝，一是需要很成熟的运营和供应链体系，再是走最新兴起的网红路线，其实网红，在微信里面就是微商领袖，大家相信他们，认可他们，希望获得他们的生活方式，愿意购买他们的产品，如此而已。而在这种运营之中，成熟的组织还是有机会的，赢利的模式也会多样化，而如果作为线下实体或者线上店铺的补充，微商模式也是蛮合理的。简单代理和强需求、高品质产品，相信会有更长久的机会。

碎片化是移动互联网的核心特征，大团队是显然反碎片化的，所以大团队的分崩离析也就符合行业发展了。之前团队可以做大，主要是整个行业还不够成熟，新人还要依附成熟团队才有信心。而今年行业基本已经成熟了，门槛又很低的情况下，很多人自己独立去做，也就顺理成章了。这使得整个行业开始少了大的微商品牌，一些传统大品牌也退出了微商，一些小团队还在蒸蒸日上，不过对整个行业来说，已经无法代表趋势。

目前活着的微商，很多都是小微商了，消费型的微商小团队，量也不大，好在都是零售出去的，消耗和使用都还不错，还能继续做下去。但是问题也来了，就是这样的团队，是没有办法起量的，如果不能起量，那么就是一个朋友圈的摆摊，不能称之为一种商业模式了。很多人开始倡导卖货，其实是一个道理，如果只是把摊位摆到朋友圈，卖东西是可以的，作为一个商业模式去发展壮大，显然是困难了很多。这就从一个事业，变成了一个生意，赚钱就做，不赚钱就不做的东西。当然，对于大部分普通人，在社会上没有什么机会的人来说，在朋友圈开展自己的业务或者销售，依旧是门槛成本最低，可能获得的机会更大的办法。

那么微商是不是到此为止了呢？我觉得还是不会的，毕竟这种基于社交的营销，还是未来的一个趋势，每个人在未来都会在朋友圈出售自己的产品或者服务，唯一的问题是碎片化导致的无法起量和无法形成较大的规模。但是如果我们用“互联网+”的思维去考虑，那么在很多地方其实都是可以用微商思维去做自己的传统企业向移动互联网转型的，不但会有很好的宣传效果，还会有很好的销量，这其实是一个很好的方向。微商无法作为一个独立的商业模式来存在，而是成为很多商业模式的补充和增强，不过从风口来说，微商的风口确实已经过去了，整体下滑也是一个从千万到百万的这种数量级的下滑，就算偶有亮点，也无法拯救整体颓势。

74 微商的道德成本

如果你说一个做茅台的微商压了一仓库货，可能不会有人去骂茅台酒厂或者茅台代理制度，因为这是一个生意，生意就有风险。但你说有微商压了很多货，然后要把产品卖给身边的朋友，这一下子就捆上了道德的枷锁，至于说产品是不是好，是不是有用，其实没人在意。而微商实际上就一直在戴着道德的镣铐起舞，这使得一柄达摩克利斯之剑一直悬在微商的头顶——那就是被主流社会边缘化。其实直销、保险、推销、中介电话销售等都有很大的市场和很多的从业人员，而他们的悲哀就在于被主流社会边缘化。原因大抵是，他们是直接从别人手中赚钱的。而在我们的习惯中，要把服务费含在饭费里就可以接受，给服务员小费就很难接受。

我一直致力于不让微商边缘化的工作中，包括我的培训，微商的理论化、体系化，乃至于商业模式的完整性和时代的必需性。我试图告诉大家，这其实是一种未来的社交电商趋势，但实际上这是徒劳的。原因非常简单，这个行业就没有什么规范可言，从业人员本来素质也不高，谈不上职业操守，仅能寄希望于恪守人的底线。在这个时代，你显然无法寄希望于人们通过道德底线这种东西来约束自己。你这边喊完微商不是传销，他那边已经带团队在做传销公司了。你那边喊完不要压货，这边流水一滑，还是要开始强力洗脑加圈钱。

我老爸说过一句话，人都是好人，只是金钱扭曲了人的灵魂。一次在四川的会议上，某知名人物的一个拥趸大声疾呼："我们就是要赚钱，怎么了？"我还能说什么呢？所以，有些人慢慢没底线了，剩下的就是无尽的扯皮了，你抢了我的人，他黑了我的款，大团队天天在分裂之中，小团队也经常一夜之间就全军覆没。

爆款就是微商的魔咒。以前三个月一个爆款，现在差不多一个半月就要销声匿迹。大部分人还是在碰运气，希望自己做的新品一下子就爆起来。从而使自己在这一轮的圈钱运动中，可以站到比较靠上的位置。一些不明所以的文章写微商是一个等级森严的世界，其实并不是这样的，传销、直销可能等级森严，微商那可是一日三变的，今天你是三级，明天就能是总代，整个体系都在一种非常无序的混乱之中，这也是大家都没有安全感，从而下决心更猛烈地捞钱而不顾其他的原因。

这种情况走到今天，自然就会出现另一波反对派，不压货，一件代发，把货真正卖到终端，觉得这样就是微商的未来。我觉得，这种微信摆地摊式的做法并不是什么有建设性的商业模式，赚钱速度低往往会阵亡更多的小白。我们都是冲着法拉利来的，你就让我看索纳塔？这只是妥协，并不是一个积极的应对方案。如果说圈代理的模式最终往往走向传销，那么直接销售的模式又何尝不是像安利？

所以做微商最大的成本不是投多少钱或者赚多少钱，而是自己的道德成本。大家会觉得你是个做微商的，从此把你从他的圈子里“边缘”出去。当然，很多微商并不在意这件事情，因为他们会越来越多地和微商小伙伴在一起。在他们眼里，那些不敢尝试的人只配一辈子打工赚死工资，从这个角度来说，其实双方都在相互隔离。很多人不知道这种隔离的代价和成本会有多可怕，那就是你最终会脱离你原来的生活圈，进入一个新的无序的不太正常的微商圈。你很难再去过正常人的生活，而是要无时无刻不给自己打鸡血，安慰别人。而最终这些事情给你的人际关系造成的创伤，还是非常大的，因为你可能会牺牲你全部的社交资源，别人看你也会戴上有色眼镜，你要是发财了还好，如果还没赚到钱，那就真的是一件可悲的事情了。

很多人圈钱的时候只看能不能成交，而不考虑这其中包含的自己的品牌成本和道德成本，这其实是非常短视的做法。这也大概是因为，大部分普通人不觉得自己的朋友和社交是有价值的吧，或者说，大部分人觉得如果能用朋友和社交换来钱，是一件很开心的事情。这种社交资源的过度开发和滥用，最终造成的后果，可能要过几年才会显现。而很多人之后可能会像古时候的小姐从良一样，必须要换个地方重新开始才能过上正常人的生活，融入正常的社会了。

75　微商的未来

为什么我一直提倡慢慢来比较快，是因为我希望大家能够知道，自己本身并不是社会的精英层，在社交时代抓住一波红利实现自己的逆袭其实已经是不容易的事情，这完全应该是靠积累而非炒作的。而从整个市场来看，鱼头和鱼身已经过去，大家现在争抢的已经是鱼尾巴了，第一未必能抢到更好的收入，第二可能会承担更大的风险，一个市场不可能永远不规范，而一个规范的市场，是很难有小白套利的空间的。

人无远虑，必有近忧，我们应该为自己的未来考虑一下积累的事情，而不是透支完自己的人脉和品牌，进入一种高处不胜寒的境地——钱赚得少了，积累的事情也不愿干。商业的核心还是在于价值的交易而非货物的囤积，能让自己的用户获得价值，那么你慢慢会有越来越多的用户和越来越好的名声，只是让相信你的人压货，你的口碑和生意只会越来越糟。这种坑蒙拐骗的方式完全没有那么大的利益可言，反而会让你背上无法承担的道德成本。

现在很多人开始针对这些焦虑的微商做生意，比较有意思的就是群控软件招代理，号称上百台手机可以吸取数十万粉丝的群控系统，还是要靠朋友圈来招代理，这数十万的粉丝就没有人愿意代理吗？只要你加入了就给你分代理的事情也很难解释，那还要我加入干吗，这些代理直接从公司拿货不也能发财吗？所以很多事情，不能细想，细思恐极。一些人不断地放大欲望去勾引小白，其实是在摧毁行业。必须承认的事情是，机会其实已经过去了，现在拼的是努力和才华。

从2012年萌芽、2013年开始的微商大潮，经过了2014年、2015年的高峰，现在已经进入了成熟阶段，这个阶段的赢家，就不仅仅是刷屏卖货了，有还要会销、电视购物、电话营销等多方面的能力，单靠朋友圈刷屏也已经卖不动货了。

“天道好轮回”的下一句，就是“苍天饶过谁”了。

微信开始管控朋友圈了，包括几类广告和一些软件，这其实是大环境的不利变化。为什么微信现在不支持微商了，想搞懂这个问题你要明白微信当初为什么放纵微商，其实原因也不复杂，还是为了微信支付的推广和使用，但现在国家给微信和支付宝设定了一个个人年消费不超过20万元的上限，剩下的钱就都要走银行卡系统了，这样微信再让大家刷下去的价值已经完全没有了，微商再火，也只是给银行做嫁衣了。微商对微信唯一的价值也没有了，未来自然是慢慢地被清理掉了。这一点可能是不可逆的，所以刷屏卖货这个事情，只会越来越难做。

当然，总体上来说，这个行业只有“剩余价值”，没有新价值了，最后看谁能把大家前两年赚的钱再圈回去，谁就有本事了，而你要做的，就是看好你之前赚的钱。

那么，未来应该怎么做呢？

我个人觉得未来有几个趋势是可以明确的：

1. 社交电商肯定是趋势，至于说是微商、网红还是社群，都是社交的电商。

2. 消费升级是确定的，也就是更多的人愿意买好东西。

3. “1000 粉丝理论”依旧有效，我已经推广了很多年，简单说，有 1000 个甚至几百个你的消费者，你就可以活得很好。注意是消费者，不是代理，代理会跑，会自立门户。

4. 个人品牌会成为未来的核心，长期耕耘和建设自己的个人品牌，是一件稳赚不赔的事情。

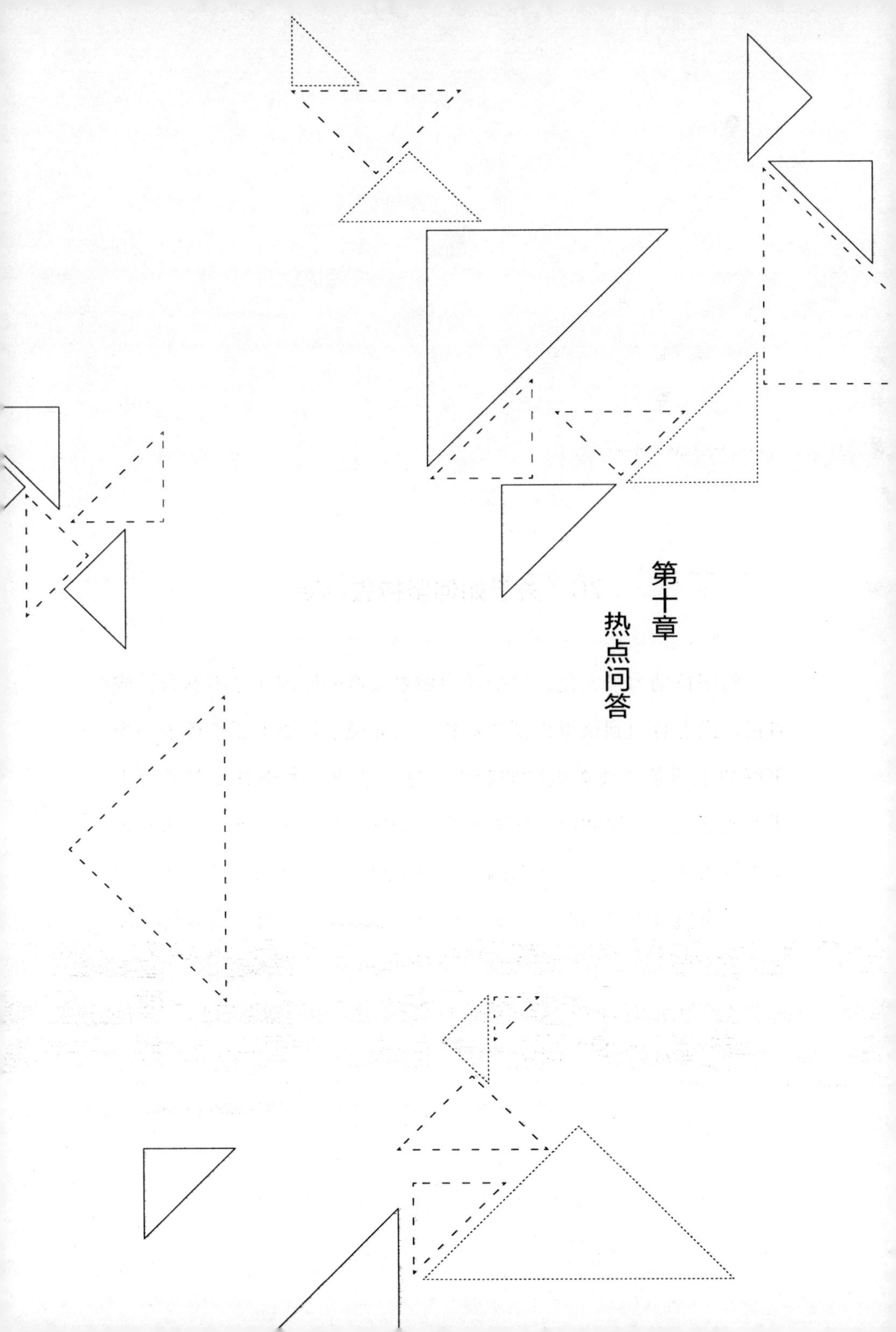

第十章 热点问答

76　关于如何坚持去行动

将坚持动力最大化，没啥动力做事大概的原因还是不够穷，或者说，没有意识到该承担哪些责任。比如说，你要不要给孩子一个更好的生活条件或者更高的起点？这在北京，大概意味着一套上千万的学区房。比如说，你要不要给父母一个快乐的晚年生活？想不想想去什么国家就去什么国家？想不想想买什么东西就买什么东西？这大概至少也要百万以上的付出。所以动力大都来自责任，你肩负着一个家庭的责任，父母、妻子、孩子，都需要大量金钱支撑，才能过上更好的生活，这些自然就是你人生的动力。

如果你这么想，父母反正有退休金，我们也有吃有住饿不死，孩子自己学习看造化，那自然没有什么特别辛苦去奋斗的必要。活着就是了。

其实只是大家对自己的要求不一样而已。

从前期来看，最好的坚持动力来自兴趣，为了兴趣爱好的坚持，基本是不费力的，毕竟是你喜欢的东西。后期的坚持就来自收入啦，你的坚持开始产生收入的时候，你不做就没有钱，就会持续推动你行动。

这就涉及两个问题，一个是如何找到自己的兴趣爱好，一个是如何将自己的兴趣爱好商业化。目前看，在微博做垂直领域分享，建立粉丝之后转型社群，还是最现实和最简单的一种。稍微麻烦的就是自己做产品去销售。当然，这都需要粉丝的支撑。你只能坚持一年，就要考虑商业化了。

在提升收入的过程中，公司的钱绝对不能碰，公司的资源也不要碰，这些后患无穷。异性同事最好也不要碰，想成大事还是要管住自己的下半身。

一般说来，我们想做什么事情，可能会带来财富自由的结果，但如果以财富自由为目的，多半要被坑。所以，首先要摆正心态。

也有人纠结是做自由职业还是继续做上班族，一般还是上班好，因为可以接触更多的人和事情，人还是需要社交和群体归属的。自由职业并不是好职业，因为你自己就是自己的天花板，如果不是在某项专业上达到基本的顶峰层次，并不建议选择自由职业。上班的好处是可以下班，自由职业就没有下班了，其实更加辛苦。

有一些比较浮躁的东西尽量远离，一些莫名其妙的聚会，一些莫名其妙的人和事情，会占据和浪费你大量时间。知道自己想要什么，不断地前进。

还有人说，中国阶层固化很严重，真的严重吗？我还真不觉得。现在的上升通道要比 10 年前更多一些，因为有了互联网和社交网络。现在固化其实是房价上涨带来的，而不是上升通道断裂。换句话说，普通人的选择更多了，可以去北上广打拼，可以做微商做点小生意，可以做自媒体或者视频直播，条条大路通罗马，不成功多半是因为不用功。

但房产带来的财富积累几乎不可逾越，几年前几十万的房子，现在几百万上千万，你再怎么赚钱多，也很难追上。这其实是告诉我们，资产增值的重要性，这并不是一个上升通道的问题。大家容易混淆。

此外，也有一些“90 后”问我，该怎么创业，出身背景不好要怎么上位等。首先“90 后”为什么要创业？为什么不好好打工去积累经验呢？核心问题还是懒……创业也不是你想什么时候工作就什么时候工作，不想工作就歇着啊。创业其实意味着没有什么时间是可以休息的。

一般说来这个年纪要去打工，尤其是去大的公司，去看看大公司是怎么运行的，这会是你以后的极限。因为你没看过大公司的运行，凭想象，怎么可能做出一个大公司呢？所以打工不仅仅是赚钱，重要的是开眼界，了解行业，这比你自己啥也不懂自己瞎摸索强多了。老老实实打工，有了成绩和方向再去创业吧。

除非资质太差，学历能力都忽略不计，进不了什么公司，实在没办法了，再去考虑创业之类的事情。当然，我也不建议定位到创业，更建议定位到赚钱，就容易多了。

上升通道不能说关闭了，机会还是非常多，我身边很多“90

后”都实现了百万、千万级的年收入，不要自己吓唬自己，赚钱不是每天都赚那么多，而是抓住一个机会，就猛赚了一笔。

对于年轻人来说，不要想太多，看到一些有机会的事情，就踏实去做，也不要思考太多回报，主要考虑的还是成长性。能不能通过努力，实现某一方面能力的持续增长或者资源的持续增加。很多事情都不是可以策划出来的，你处心积虑也发不了财。但是有一点是可以肯定的，有价值的东西最终都能实现自己的价值，遇到风口还能加倍实现甚至财务自由，你要做的就是坚持做一些事情，让自己变得有价值。

不要老想着上位，一步登天，前面还有那么多人，你比他们强多少？本来出身就低，要有积累一代让下一代更好起飞的觉悟。

实体经济就是技术技能傍身，浸淫 5~10 年，就算赚不到钱，在社会中和行业中都会有自己的一席之地。虚拟经济就是各种赚钱手法，这个不受太大影响，你也不可能创立一个互联网公司。

选择一定取决于擅长，只有擅长和爱好，才可能坚持下来。

对于普通民众而言，有两个问题需要正视：第一，你自己能力并不出众；第二，目标太高太着急。大部分上层人基本都是两三代的积累，而普通人总想一步登天。如果你用三代的眼光去看待逆袭，就会有远见得多。比如我父母一代走出县城，进入国企，培养我这一代在北京立足，我的下一代也许能有更大发展。这是阶梯状的，当然也有一步登天的，抓住了一些风口，但实际上，最后很快败掉的也很多。

所以回过头来说上升通道的事情。

77　关于如何快速致富

欲望是人前进的动力，如果欲望能够和能力匹配，就可以帮助你提升，如果欲望太大而能力太小，就容易陷入空想。大家要适当控制自己的欲望，把它和自己的能力匹配起来。

这个世界，不太存在快速实现财务自由的办法。国外有过亿的彩票也许可以，国内只有 500 万，中了奖之后也只能去还还房贷，剩下的以后慢慢还了。

其实目前来看，要财务自由怎么也要有一个亿，而一个快速的财务收入等于风口乘以你的才华。年轻人才华欠缺，更多的还是激情，所以要学会积累才华和耐心等待风口。

在过去的三年里，普通人的机会非常多，比如做微商、做自媒体、做社群，创业做手游、O2O 之类，都能赚到一笔钱，大概百万算入门，千万算优秀，几千万也大有人在。如果你没有抓住，你就反省一下自己为啥没抓住，别人做的时候，你是不相信呢，还是做了没做起来呢？如果是不信，那么下次来机会的时候就要学会相信，不要固执己见，你认为的如果是对的，你早发财啦。如果是没做起来，要么就是做得晚了，要么就是才华不足，就要好好地去积累自己的才华，希望下一次风口能赶上吧。

赚钱不是天天赚，月月赚，就是那么一阵子，抓住之后，就会越来越有钱。比如我赚了一些钱，买了两套房子，结果房子又涨了很多钱，资产增值就非常快。从劳动增值到资产增值就是进入下一个阶段了。到了这个阶段，就不再是一个能力问题了，而是资源问题了，而这些资源，很多也是你年轻的时候积累的。

放弃快速的想法，慢慢积累自己的力量，等待下一个风口，才能早日自由。

做事要有耐心，我赚到第一个 100 万的时候，已经 31 岁了，赚到第 10 个 100 万的时候，是 33 岁。所以只要方向对，没有必要着急，赚钱这事不是天天赚，不是月月赚，也不是年年赚，就那么一阵子。要抓住这一阵子，你要努力积累个几年，还要有才华和机遇。就算抓住了，其实更难的在后面，就是怎么不掉下来。实在抓不住，还有后代，一代不行再来一代。当你的焦点不在钱上，而是在事上或者人上的时候，距离财务自由就又近了一步。

最好的创业方向，还是内容方向，因为成本最低，适合草根。涉及进货发货，就会很麻烦了，一般也赚不到什么钱。还有一些偏门行业，如果接触得早，也能赚不少钱，比如说什么卡牌、流量、邮币卡、货到付款之类的，如果有能力，投机一把就出来，也可以了。不要长期做，不然就进去了。

对于大部分人来说，其实都是无药可救的，在过去的时代，这些人可能都活不过第一集，但是因为社会的发展，这些人活下来了。要么就安分守己，做好自己的社会基石，要么就拼一把，给自己或者给自己的下一代创造一个逆袭的环境和条件。你既不安分守己，也不想拼搏向上，那就去听听什么知识付费之类的，安慰一下自己，沉浸在幻想之中的生活也并非不好。青丘上神白浅不是说了吗，把做梦当现实过，把现实当梦过，就是了。

78 关于如何提升竞争力

未来社会中，一个人最具竞争力的能力是什么?

其实这个问题古人就说过，文能提笔安天下，武能马上定乾坤。一个是能写，一个是能干。不过因为现在不让动手，所以可以变为能说。能写能说一直以来都是核心能力，底子是逻辑好，积累厚。当然，长相也很重要。

世界因为社交化了，所以，进入了右脑时代。之前的专业职业技术人员地位不能说下滑，只能说稳定了。而画家、艺人之类的因为内容会被社交传播，会获得粉丝而变得越来越有价值。比如罗永浩都可以做手机，这在之前的时代是不可能的。

所以，创造内容的能力，获得粉丝的能力，运营自己品牌的能力会变得越来越有价值。专业固然重要，但能让普通人理解并感兴趣就更重要了。就好像现在美国出名的社交平台出来的模特，其实专业度都不怎么样，老牌超模都看不起他们，但是品牌认。中国社交平台上出名的医生、律师技术也不一定怎么样，但是人家出名啊，赚钱容易很多。

这个值得从小做，社交资产会越来越增值，之前一起打拼的小屁孩，现在多少都混到中高层了。

也有人问我学历是否重要，从我目前了解的情况来看，学历很有意义，但对于程序员等技术行业来说，显然意义不大。我见到的年收入千万级、亿级程序员，初高中学历也不少见。如果你在考虑学历对于职业发展是否有制约时，显然靠技术是无法做到顶尖的，那么在转管理的过程中，学历就是很大的制约了。

技能证书这个东西目前看不是个趋势，国家也在不断缩小这个东西的范畴，有含金量的就更少了，尤其在技术领域。如果是房地产之类的行业，这个证书涉及企业资质，价值就会大很多。

我之前读的专科，后来不爱学习也升了本科，目前看还是很有价值的，就算你很有才华，有些硬性指标是没有办法逾越的，尤其是对于大公司来说，他们选择空间太大，筛选标准就非常硬性。如果是全日制，认识很多同学也很有价值。不过如果你工作多年，也不建议中断职业生涯去读书，那样可能会更惨。

如果为了更好地发展和成长，建议去学习一下其他方面的知识，去跨界，比如电商、营销、H5之类，一般一个程序员去做传统行业的技术+，反而空间很大。因为行业的人一般不懂技术，讲不清楚，你懂技术又了解行业的话，写不出来可以让别的更厉害的人写也没问题，关键是对行业要有深刻理解。

79 关于如何养成赚钱的思维

很多人问，淘宝能做吗？微商能做吗？自媒体能做吗？……其实这些都是伪命题，行业不死，只是机会大小。

10年前做淘宝和今天相比，同样的付出结果可能差无数倍。所以一个行业红利没有了，拼的就是资源和运营了。那么这个公式就很简单，你投入多少，有多少利润率，都比较稳定。

淘宝还是可以做，只是你的愿望和预期有多大，你的投入和资源能不能支撑。新的领域一般因为不够成熟，所以机会更多一些，如果抓住了，可以起到以小博大的作用。一般人追求的其实是这样的结果，只是缺乏发现这样机会的能力、努力与坚持。

收入与思考维度

非销售岗想要达到月入 3 万，第一个前提是这个公司的岗位有 3 万元月薪的岗位。比如我之前在一个传统公司，最高薪水就是老板的助理两万一个月，你想月入 3 万，自然也就不可能了。

如果在上市公司，月薪 3 万大概是一个高级经理的收入，那么你想实现月入 3 万，自然做到高级经理就可以了。当然，在薪资低的行业这可能是副总监的收入了。

要想打工拿到这个收入，而且不是技术工种，比如说高级程序员可能收入还要高很多，但你没有类似的专业技能，我们讨论这种情况。

1. 你要有一定的资历，在公司起码工作过一段时间，证明了自己的稳定性，一般才容易升职。

2. 你要有一定的领导力，一般这样的岗位都是基础管理岗了，如果你只是盯着自己眼前的事情没有统筹整个项目的能力，可能也很难被提拔。

3. 之前的工作有一些成绩，证明你有一定的能力。

4. 你的领导跳槽了，那么你就有可能填补他的位置。

5. 你跳槽了，之前的老板突然觉得还是你好，想你了，可能让你价格翻倍跳回来。

总之，这个级别的薪水是要有一些能力的，没有能力的人靠资历可能也就到此为止了，因为再高的薪水就一定要有能力的。

其实赚钱这个东西，需要有很多不同的思考维度。比如在北京赚一百万，和在县城赚一百万，是不一样的难度和不一样的结果，甚至说是不一样的层次。而一个大学生赚一百万和一个只有小学生学历的人赚一百万，又是不一样的路径和层次。所以笼统地一概而论，是错误的，还是有个体和环境的差别的。

其实年入 10 万 ~30 万，只要不懒，大部分人都可以做到。就算没有学历，卖煎饼果子、做馒头或者做技术工人，一年的收入都在这个数字左右。在大公司，这也基本就是高级经理的收入，高级经理只要能力尚可，坚持两年，也大多可以做到。

30 万 ~100 万，基本就要达到总监的收入水平了，对才华的要求就高了很多，如果没有大平台，可能需要抓住一些小风口，才能实现，比如自媒体、微商或者社群之类。才华的事情，只能发现，不能复制。

100 万 ~1000 万的变化是要从勤劳致富的思路变成资源资本致富，自己靠能力能做的事情开始变得有限，更好地利用资源和资本增值，是比较现实的。比如我前面说的例子，自己有 100 万，借了 200 万，贷款买了 1000 万的房子，然后一年后涨到 2000 万。

所以，努力能做到的事上你不努力，靠才华能做到的事上你却没有才华，都是要命的事情。值得一提的是，如果努力积累了第一个目标，距离第二个目标就会更近，因为你每上升一个层次，你可以支配的资源就更多，所以不要想着跨越，还是一步一步来。

死读书这个事情，除了在忽悠人上有好处，对赚钱的好处并不大。如果你是想靠类似分享知识获取打赏的方式致富，那么多读书，建立自己的逻辑体系去忽悠人，是有价值的。如果你走不了这条道路，我觉得努力实践的价值会更大一些。或者听一些有实际经验赚到钱的人分享，慢慢找到其中真实的逻辑，学会它，然后努力执行。

学会建立自己的社交形象，首先你要认识一些有价值的人，其次你要打理好你自己的微信朋友圈和微博，不要说一些很浅薄的话，影响别人对你的看法。尽量去研究一些行业前沿的信息，分享给大家，说明你这个人很上进，掌握了先进思想，以及多与人合影发参加活动照片，也会让人觉得你是个比较优秀的人，起码以后可能用得到。

其实在早期追随一些高层次的人，去学习他们的思维是很有价值的，我的老板从几亿到几十亿到上百亿的身价递增，我自己的财富也会有相应的增加。我认为是他们的思维潜移默化影响了我。

规避“穷人”共性

现在的“穷人”只是一个相对概念，国家发展得还不错，整体水平也有很大提高，所以穷人的概念其实是比较模糊的。你说赚多少钱算穷呢？年入 20 万算不算穷人呢？在北京，年入 20 万有房和没房，是不是后者更像是穷人呢？所以，穷人这个概念比较模糊，或者说没实现财富自由的都是穷人？

如果我要提一个标准，那么大概在北京，年入 30 万以下无资产和在其他地区年入 15 万以下有些资产的，都不能算是富裕，算不算穷是一个心理感受。有人很充实，也不算穷人。

有这么一段话："你用小米手机，穿凡客 T 恤，泡贝塔咖啡，听创业讲座，宅家看耶鲁公开课，知乎、果壳关注无数，新语每日必读，BAT 大格局了如指掌，张小龙贪嗔痴如数家珍，肉夹馍只吃西少爷，约饭局去雕爷，喜欢罗永浩胜过乔布斯，逢人便谈互联网思维……如果上述条件都符合，那你应该还在每天挤地铁。"从这段话里，你大概就能总结出穷人的共性。

第一，他们喜欢用概念掩盖自己的贫穷，比如我是发烧友，我是凡客，我有情怀，给自己一种安慰好像我不是真穷，只是有个性罢了。

第二，他们喜欢用知识掩盖自己的焦虑，觉得自己掌握了更多的世界流行的知识、行业变化的动向，自己懂得了一切，只是差个机会发财罢了。

第三，他们喜欢崇拜一些投机取巧的人，希望自己也能做一些投机取巧成功的事情，从不想踏踏实实。比如喜欢罗永浩了，谈互联网思维了，甚至雕爷牛腩、皇太极之类的都是这种情愫的结果。简而言之，就是不想踏踏实实做事，老是想走捷径，平时就麻醉自己，用各种方法缓解焦虑。

第四，觉得自己什么都懂。认为有钱人都是傻瓜，社会就是不公，自己穷是天妒英才。其实这种人对社会的真相一无所知，自己的观点都是被公知洗脑来的。

第五，非黑即白的一元思维。觉得自己掌握了科学，没事就去反反中医，挺挺转基因，觉得和自己观点不一样的都是傻瓜……其实他也是听别人说的。

第六，渴望金钱又觉得金钱可耻，觉得赚到钱的人都用了不堪的手段，自己穷是因为道德高尚不去骗人。

第七，都以为自己不是普通人。

80 关于如何赚钱

首先你要明白，赚钱的本质是什么？赚钱的本质是价值的交换。从这个角度去思考赚钱的问题就不会被现在的趋势影响。所以，你首先需要考虑的问题是你有什么价值可以去换钱？

所谓趋势是指溢价，也就是说同样的东西可以换到更多的钱，也可以说是泡沫。如果你赶上泡沫，那么可能你做的东西并不是很好，但是很值钱。如果你赶不上泡沫，那么可能你做的东西还不错，但是也就勉强等于它的价值。

明白了这些之后，你就应该开始去思考自己有什么特长，有什么爱好，或者有什么资源，有什么能力可以用来培养，形成价值以后用来换钱。如果这个方向恰好又和某个趋势匹配，那么你就能赚到很多钱。如果你选的方向并不是很匹配，你就能赚到一些钱。如果没有趋势，但是你能够做到极致，一样还是能赚到很多钱。

我之前的两个老板：一个是小学体育老师，后来辞职去卖水果，然后又去搞物流配货，抓住了房地产爆发的风口，做铁粉和铁粉加工赚了钱，当时也有差不多 10 亿左右的身价了。据说发财的核心原因是因为媳妇很仗义，在做物流配货的时候很多老板都很认可，后来刷脸借了 5000 万做铁粉，当时 200 元一吨买的，放着不动，就翻倍地涨价，最后铁粉到了 1000 多元一吨。这里更值得一提的是他媳妇，在做服务行业的时候比较用心，得到认同，才能借到第一桶金，然后又赶上了风口，就发财了。

之后一个老板，是做纯净水起家，就是桶装水，8 万元起步，后来发展起来之后，搞房地产开发赚了钱，也有几十亿资产吧。这个比较简单。

发财的共性就是都抓住了风口，没有风口爆发，是赚不到大钱的，我还没见过靠勤奋努力每年都赚很多钱的企业的。人的共性都是首先很聪明，其次很敢干，再就是执行力强。最近两年发财的都是做新媒体的，也算是风口，相对来说比传统行业还是好很多，更规范一些，不过人也更浮躁一些。

我们在分析任何行业的时候，首先都要搞清楚一个问题，我们要赚谁的钱。

一般说来有几个方向：1. 赚政府的钱；2. 赚企业的钱；3. 赚用户的钱。

赚政府的钱，就是各种农业补贴政策，其实做好了也很可观，不少微博知名的农产品大 V，每年获得的补贴也几百上千万的。问题是你要做成品牌才能获得补贴，不是人人都能成为标杆和典型的。

赚企业的钱，就是你为企业做推广，企业给你推广费用。其实这本质上赚的是 VC（风险投资）的钱，他们拿到投资自然要投放，所以你们就赚到钱了。而自媒体则是拿到的企业媒体投放，传统媒体都式微了，投放自然也转移到新媒体和自媒体上了。这其中的问题就是，行业遇冷之后，投放就下降了，所以收入也就下降了。你现在做的事情就是这个事情。

赚用户的钱就是电商、微商，是直接进行销售和卖货的，需要你有产品供应链的能力和推广能力。

其实现在赚钱越来越容易，只要肯吃苦，年入十万还是非常容易的，尤其是体力劳动，比如装修的工人、月嫂等，只是你愿不愿意干。

赚小钱这种事情，有几个思考维度，比如需要投资的和不需要投资的。需要投资的就是产品和生产，不需要投资的就是服务和内容，这一点你要做个判断。因为想赚钱的第一个要考虑的问题就是：我要投多少钱，或者我要投入多少精力，以及我有什么样的资源或者才华。

中小学教育培训、私房甜点、美甲这些大都是小生意，需要投入和客户。在这里推荐一些更轻的模式给大家，比如你在三线城市做本地粉丝，按小区进行推广，可以接入一些家政推广。一些很小的点，比如换灯泡、下水道、开锁之类的联系方式，可以做个公众号做查询和自动回复。这个做起来之后，收益也是很不错的。

再就是加个人好友，比如有人加上几千人，在朋友圈发一些广告，帮别人找猫、找狗、找工作、找女朋友都可以，100 元一条，一天发几条，收入也是不错的。

棋牌也是个可以考虑的方向，可以开线下棋牌室，也可以开线上棋牌室，做起来都非常赚钱。

如果想追求更高的发展，就需要通过网络和主流社会联系起来，参加一些社会上的项目和服务，联系一些一线人士去你们那里做一些培训分享，建立自己的商务圈子。

还可以考虑做一些本地社群，宠物类、读书类、车友会，只要把人圈起来，赚钱就很容易。

有了几十万资本之后，是炒房子还是做生意都是自己的选择，比如社交电商就是一个没有门槛的行业，靠努力赚钱只是多少的问题。如果赶上风口，这两年赚几百万上千万的太多了。如果没赶上，慢慢来，一年赚三五十万也指日可待。最重要的是，这个收入虽然不能让你发财，但能给你的后代一个更好的起点，没准下一代又抓到一个风口呢？反正你这么年轻，只要注意积累自己的社交资源，总会有一天，量变会达到质变的。

81　关于如何掌握营销

如今经济不景气，娱乐行业会好，餐饮快消也还可以，但不要太贵。从我们自己能做的事情去考虑，尽可能地去服务消费升级市场，找到少数有钱的人去服务，而不要在大众市场耗费太多精力。

今后主要走社群电商，靠品质商品去聚合有价值用户，尽可能形成平台。

培养用户忠诚度

另外，培养用户的忠诚度也是很重要的课题。对比一下当年的京东和当当，京东从家电切到图书就很容易，当当从图书切到家电就很难。客单价从高到低很容易，从低到高就需要更多信任。

人都不愿意冒险，希望选择最稳妥的结果。人的信任是有标价的，一个人在他心目中值多少钱也是有数字的，你愿意借给一个人多少钱是固定的，如果他按时还了，信用就会上升，你下次就愿意多借给他一些。

赚钱方式多样化

有粉丝将我和其他人做比较，想知道哪种赢利模式更容易复制。

其实这些选择有时候不是因为趋势而是因为年纪。年纪轻的要积累，走向更高，年纪大的要变现，颐养天年。所以从这个角度看，会更清楚一些。

如果谈趋势，碎片化是很明显的，其带来的社交电商机会也是很明显的机会，微商已经验证过一次了，社群希望可以再验证一次。

我的核心其实是品牌营销和自媒体 KOL，电商、社群算是实践，虽然也赚了些钱，但不是核心主业，只是基于品牌的延伸业务。

对于普通人而言，信息整理类的自媒体和意见领袖可能机会都比较小了，基于服务的小型社群可能会更容易一些。毕竟这些人大部分都是积累了几年，再加上遇到风口才起来的，现在风口过了，大部分人又没耐心积累，天天想变现，所以都很难有成绩。

最大的困难是心魔，最大的问题是风口过了，赚钱目前只能靠运营了。

小地方的营销误区

有人会掉进一个很严重的营销误区。就是认为营销模式有优劣之分，试图用互联网营销和策划来改变现在的局面。但事实上自己也知道小地方以关系为核心，之所以以关系为核心，是因为这是效率最高的方式。而互联网的优势是可以克服地域局限，所以互联网营销一般以全国市场或者大区域市场为主。在小地区反而发挥不出互联网的优势。

换句话说，在县城里最有效的方式还是地推。只是很多人觉得地推太辛苦了，希望能够在网上进行一些操作就解决销售问题。不同的领域有不同的营销特点，不要迷信某一种营销方式，而是要选择最合适的营销方式。比如说一个小区的推广，你用互联网的方式就肯定不如在小区门口让用户扫二维码。

在小城市的人往往特别迷信互联网营销，而真正的一线互联网公司又特别缺乏地推的能力。其实大家只是擅长的方面不同，最有效的并不一定是哪一种方式。如果真的一定要用互联网的营销方式，那么我觉得在小城市做短信群发效果更好。

营销虽然有很多忽悠的成分，但也不能说它就是邪教。我们不能将营销当作把垃圾卖成金子的本事，而是把金子卖好的本事。从这个角度讲，那些把垃圾卖成金子的，不管是卖手机，还是卖什么课程的，都只是一时爽罢了，早晚都会受到报应的。一个好的营销，我觉得至少要做出一个成功的产品，影响更多人的生活。

我之前做过几个产品，我自己觉得做得最好的是随身 Wi-Fi，确实融入和方便了数千万人的生活，而且这个产品的竞品小米、百度乃至腾讯，基本都被甩开很远，是一个非常成功的产品。把好产品卖得更好，才是营销的真谛和价值。

把垃圾卖给情怀主义者或者发烧友，我觉得并不能算营销的序列，只是滥用了别人的信任，或者给别人洗脑让其缴纳了智商税罢了。我还是希望做营销的人把事情做扎实，不要老想着搞个大新闻，把粉丝当猴耍了就觉得自己厉害。

线上线下的组合拳

之前的线上线下结合是线上给线下导流。但现在完全逆转了，线上流量更贵，需要线下给线上导流了。还在给线下导流的，基本是快餐这样高频、强需求加补贴的行业。

企业现在都需要在各种平台上，尤其是社交平台上深度运营客户，比如做社群、电商、微博矩阵，然后让线下的流量去关注，之后不断服务，重复产生销售价值。以实现小规模用户数的更大规模赢利。之前那种等客上门的模式如果没有线上的深度运营，肯定也是赔钱的。线下流量反而更精准和有价值，这对于传统企业来说，是个机会。互联网也会慢慢娱乐化和实体下沉，因为线上买流量太贵了。

加盟商的选择

我一般不推荐做加盟项目，尤其是价格比较低的加盟项目。主要原因是加盟商可能会隐藏很多关键事实。比如之前一个年流水过十几亿的加盟商就告诉我，如果你想做成这件事情，就必须明知道这个人不会赚钱，也要把他的加盟费收了。所以这是一个水很深的行业，成功的概率可能没有想象中的那么高。

一般说来，好的加盟提供的是整套的服务体系。这里边有一些坑，就是很容易货不对板。比如你在考察的时候看到的产品质量和你收到产品的质量有很大的偏差。但这个时候你加盟费已经交了，基本就叫天天不应了。

所以大部分的加盟中间都存在很多猫腻，这个需要我们认真地甄别。一些技术类的加盟相对来说要好一些，因为你学会技术之后可以自己掌控一些环节。一些产品加盟就要注意它的品控、生产厂家以及生产手续。

最好的办法还是去访谈一下他的加盟店。看看这些店主对这个加盟是怎么看的，你可能会得到更为真实的答案。有时候你也可以去他的店旁边蹲守几天，看一下它的营业状况。然后再分析一下利润和运营成本，基本就可以得出一个相对靠谱的结论。

品牌加盟相对来说好很多，比如知名的餐饮品牌和服装品牌。这里更多的就需要你去对经营场所进行调研和判断了，比如流量等问题。这个时候你的运营能力就更为重要。

82 关于如何做出正确的判断

影响一个人做出正确判断的大概有两个因素：一是财务，二是人的贪婪。首先说财务。因为我曾经很穷或者说生活压力很大，所以我在考虑问题的时候就会有很多顾虑，明知道辞职是对的，但在一段时间内没有了收入，就可能会影响家庭条件不太好、抗风险能力较差的人的判断。

其次关于贪婪，就是可能有一个很好的赚钱机会在面前，就迫不及待地冲进去，想要捞一把，然后不幸被套牢，比如加杠杆炒股或做各种投资的。或者你只有经理的能力，却面临一个总监的机会，你想也不想就去了，结果没有办法支撑，最后坏了口碑。再或者，这个领域已经做得很成熟了，你还想它像房价一样持续涨下去而不去转型，或者这个事情已经走下坡路了，你觉得自己还可以力挽狂澜，基本就等于把自己坑了。

所以，我们逆向思维一下，如何才能做出准确的判断。

当你考虑问题的时候，第一，不考虑自身的经济因素，第二，不高估自己的水准，只做能力范围内 80% 的事情，你的判断力就会大大提升。正确的判断大概也有两个方向：一个是抓住风口，一个是放弃诱惑。

比如我开始写东西纯粹是偶然，但是秉持着做什么都要坚持的优良品质，写了一年，就被挖到了 360 公司，实现了第一个转身。然后又跟上了移动互联网大潮，恰巧负责了移动产品、手机游戏和智能硬件，完成了自己能力和经验的积累。在这其中，我发现了社交电商的机会，做了社群和微商的培训。这里做的取舍是，我认为做微商是普通人逆袭的机会，但对我来说，意义不大，就算能赚到一些钱，但是对我个人的品牌会有负面影响，所以自始至终，我都没有投入这个行业去赚快钱，当年很多人觉得很可惜，我有那么多优质微商资源，自己却没有去好好利用。但从现在的结果来看，我的判断无疑也是对的。虽然有些东西很赚钱，但是因为和你的发展方向不符，你还是要放弃，不然就会被干扰，走到了岔路上。

当然傻傻地坚持也未必有用，还是要赶上一个风口。比如说盛传的修车师傅的事情，修了几十年车，都没想到现在共享单车火爆后，这些大公司都会用很好的待遇邀请他加入。其实他自身的能力没有变化，变化的是环境和趋势。如果你抓不到趋势，那你就坚持做有价值的事情，等风水轮流转就好了。

收集信息和整理逻辑是目前很容易的事情，随便搜搜都有一些很成熟的答案。但是得出结论就不一样了，你要去思考一下，那些人的分析是出于自身的什么利益，而不是结论本身。当你发现如果他们是为了自身利益代言，那么他们的预判就没啥意义。当你看多了这些人的立场和言论，自然会逐渐形成自己的价值观和方法论，然后不断地判断和修正，记住当时为什么错就好了。

还有一个问题就是，很多人喜欢独立思考，有时候，这种方法是对的，但对很多趋势判断来说，相信现实走势才是最重要的。不会打麻将的总赢钱，会打麻将的却不一定，就是这个原因。因为虽然看似你更专业，但是因为你想的太多了，其实引入了更多的变量，反而影响最终选择的准确性。

到处都是有才华的穷人，就是这个道理了。

83 关于社群怎么玩

社群的定位

如何从零开始做社群？首先你要给社群投入价值，一般是你擅长的东西或者爱好，且达到相当水平可以指导别人。或者是你愿意付出劳动去张罗活动。我不知道你擅长或者爱好什么，就不太好建议。假如是财务，你可以做财务类的知识普及，包括一些中小企业的分享咨询，哪怕是免费的，可以先抓到一些企业客户。如果是针对个人的，也可以做一些记账小技巧的分享，拉一些宝妈来学习。收入可以来自少量的会费，比如 99~199 元。

当你的会员到达一定数量，你就可以做一些产品，不过到了那个时候再说吧。如果不做会计，你可以考虑一下自己其他的爱好或者擅长。比如美容、育婴、健身、减肥、烘焙、宠物等。

做社群最害怕的就是我有啥产品就去做啥社群，完全不考虑用户接受不接受，需要不需要。通过以下几个例子，希望能给大家一些思路，做社群一定要突破自己的限制，才可以有更好的结果。

戒烟社群

戒烟是违背人性的，所以做起来没有那么容易，还不如减肥。

而且戒烟不好做产品，赢利模式和你能为其他人做的事情，比较有限。我们觉得提供有价值的内容，或者提供有价值的产品会更方便持续运营。戒烟也没有什么技术含量，就是克制，也没有什么合适的产品，所以不太好做。

行政社群

行政采购的决策是不是行政做出的呢？还是大部分时候他们只是执行？这种服务的价值并没有什么独特性，也没法挑战京东之类的电商。商业价值没有那么大，而且做行政的聚到一起也没什么好聊的啊。不知道核心价值在哪儿，还不如把总裁助理、秘书聚起来。

家装服务社群

总体是可行的，只是装修这个事情环节太多太复杂，整个服务的细则和流程可能要好好设计一下。

比如说品牌，各家可能都不一样，你拉品牌到群里，对它们来说，效率很低。你不妨拉几个装修公司，让它们免设计费，用这个来吸引会员加入。然后再给采购一个折扣，装修公司也都拿得到，这样你的管理成本就会很低。

你再安排一个砍价员，去陪大家买主材，这样可以明确大家的采购额度，也可以拿到提成。至于提成是不是还给买家，要看你后续有没有其他服务了。装修、家电、家具都占很大采购比例。需要更精细的策划和全职工作。

技术社群

技术分享的问题挺多的，一个是太专业了，受众可能比较少。一个是你的水平够不够，是不是足以吸引大牛来讨论，还是只是给小白扫盲，这都是要考虑的问题。

当然，如果你的技术是大众都需要的技术，比如赚钱技术、引流技术、炒股技术什么的，那就另说，只要价格不太高，又有一定的曝光度，相信还是可以吸引一些人加入的。

必须讨论起来才有持续性，不讨论起来就很难持续。除非你是顶级大牛，否则很难有持续的内容输出。当然，如果你是顶级的大牛，恐怕也没时间做社群了。

吃货社群

吃货社群其实就是一个兴趣社群，核心价值在于活动的组织，一起去吃饭，或者一起去做菜什么的。要么就是寻找各种吃食推荐给会员或者卖给会员，需要有一点制作能力，比如熬个秋梨膏什么的。总体来说，不能算一个很容易赚钱的社群，因为门槛实在是太低。如果做烘焙类社群，可能会有一些商业化价值，因为这个领域的人要买很多东西，帮他们找到好的材料和合适的模具也是一个商业化的方向。

总体来说，你有个饭馆之类的去做类似社群会更好一些，起码可以提供一个场所给大家尝试做一些美食，或者大家找到一些新鲜食材，可以拿来聚餐、聚会之类的。不太建议做全国性的吃货社群，个人觉得会比较难组织。全国各地的人互相寄特产总归也不是个很好玩的事情。

母婴社群

母婴社群很简单，大概就是在你孩子成长的时候，分享经验，然后吸引一群和你有相同需求的妈妈来共同成长。变现的方式有以下几种：

1. 问题咨询。如果你有专业知识，比如你本人就是医生，就可以收会费，比如每年 199 元，在群里回答大家的问题。这样凑够 500 人就是 10 万元，其实很多问题他们自己互相也能回答，所以这并不见得是个很繁重的工作。

2. 婴儿产品的团购。比如说奶粉、辅食、鱼油之类，你找到好的渠道，就可以给大家提供类似的产品服务来赚钱。

3. 书籍推荐。如果你愿意做一些不太常见的书，相对来说不太好找的，能够拿来分享也是不错的。

4. 穿衣搭配。我见过有人特别擅长搭配小孩衣服和拍照的，然后很多家长就把钱存在他这里去淘换衣服给自己的孩子穿，一个月也能卖个二三十万元，非常厉害。

我之前学法律，但是后来觉得法律行业是服务行业，我不是很感兴趣，因为我本身是个有创造力的人，但我又不够严谨。所以法律这个东西就不太适合我。所以我刚毕业就放弃了在法律这个行业发展，连司法考试都没参加。

法律社群

法律这个东西倒是人人需要，不过请一个律师还是挺贵的，所以很多人并没有自己的专属律师。这个东西有点像代理会计，如果做法律社群，可以用很便宜的价格来拉人入群，比如一年几百元。然后你找个助理或者管理员，来回答他们的问题，但是如果要代理案件或者当面咨询之类，就要另外收费了，先通过低收费把用户群建立起来，做基本的普法服务和简单的法律咨询，最后靠高级的咨询和案件代理收费。

在微博等平台，也可以做个普法律师，建立知名度。

所以我的建议有两点。一是关于大渠道建设。这是基于品质的，所以对品质也要有些硬性要求。不是你有个商标，就是好产品了。如果在你这买的和在路边买的品质差不多那就完了，因为价格会差很多。二是我也不建议做单纯的农产品社群，我们的处理办法是，做其他类型，比如减肥、宠物类社群，然后把农产品做应季或者礼品搭售。

社群运营三问三答

1.“社群运营之初怎么快速加人？”

其实我一般看到怎么快速加人之类的问题，就懒得去理会了。为什么要快速？为什么要加人？加人有什么用？

做社群就是为了不用加太多人，深度运营少部分忠实粉丝就好了。你坚持做一件有价值的事情终究会带来一些坚定的支持者或者跟随者。当然也有传播技巧，但内容还是核心。

要知道就算微商大代理也是靠几个主力出货，而非加很多人。

流量思维在这个时代不可取了，价格也太贵了，运营思维才更适合普通社群创业者。

2.“社群培训可行吗？”

首先，我不觉得社群可以代运营，这总体还是一个付出心力和建立品牌的事情。

其次，培训这个市场永远存在，内容都是“鸡血”，包装可以换换。讲营销、讲电商、讲微商、讲社群只是名称不同。不建议没有成绩的人去进入培训领域，因为太虚妄了。

最后，这个时代的变化就是从渠道到品牌，持续地碎片化，所以抓紧建立自己的小圈子和品牌才是至关重要的问题，这会让你一直都有饭吃，所以还是不要老想着走捷径比较好。

3.“能推荐一些社群运营工具吗？”

我是反对工具论的，自己也从不用任何工具。如果有工具的门槛，就不适合大众创业。所以我自己用的 QQ 群、朋友圈、公众号和微博，都是人人可用的产品。

社群本身不要求人多，所以工具方面我也没有觉得太过于必需，玩好这几个平台工具就好。

社群变现

有个粉丝是做游戏解说的，关注我好几年，按照我说的一些营销思路尝试去做微商，2016 年销售额将近 500 万元（又是一个闷声发大财的典型）。他说想知道接下来的自媒体或者游戏解说行业的发展趋势。

其实游戏解说这个行业在 2016 年是如火如荼，他主要做魔兽的解说，魔兽的玩家有一个优点，就是年龄较大，消费能力比较强，这大概也支撑了不少的销售额。

自媒体发展到今天，无非就是 2B 收费（公关广告）还是 2C 收费（会费、电商）。微商这块他做得挺不错，可以考虑做一个社群，按照服务来收费，比如教打魔兽，或者其他的战术内容分享，一年收个 199 元，收个一两千人，也是几十万元收入，为此做个什么微信公众号之类的也可以。

其实一切内容的核心无非就是聚人，只要有了人，就有了各种消费或者合作的可能，改变的只是销售的模式和组织的形式，这块我也在不断地探索和研究。目前来看，社群的模式和代理模式一样，都是很有价值的组织形式。

二、三线城市同样也有赚钱机会，最大机会就是降维打击，把一线城市的思想、业务、模式拿到本地去复制。基本上是横扫的趋势。比如自媒体去做本地号，做本地社群等。

之前就有这样的案例，在一个小城市里把所有奔驰车主组织成一个社群，这种社群活跃度非常高，组织者收入也很不错，这种社群在当地还算是非常高端的群体。

84　关于跳槽和 30 岁之后的规划

有些人在公司待了几年，觉得没有发展空间想跳槽，但又怕跳槽后不满意薪资等问题，来问我意见。

其实当你有这种想法时，先要告诉我你所在的是一个什么行业的公司。比如说是个传统公司，或者是个互联网公司，又或者是一个金融公司，可能我给出的建议都是不一样的。

我从来不觉得跳槽的核心原因应该是薪资，当然，这被大多数人当成跳槽的主要原因，所以大部分人也就是普通人。跳槽的核心原因应该是你已经无法获得成长，但觉得自己的能力还有很多富裕，想要做更大的事情，一般这种情况下，你可以选择跳槽。如果只是单纯地嫌薪水太低，那你就去找老板要求加薪就好了，没有什么不好意思的，可能你说完，他觉得不错，就给你加了。你说我对公司也很忠诚，也希望可以和公司一起成长，也做了很多成绩，希望公司能够给我一个更好一点的薪资待遇。如果不给你加，你再琢磨跳槽就是了。

如果工作很忙，占用了你特别多的时间，那么我觉得跳槽的必要性会更大一些。如果你还有些自由的空间和时间，可以去做点别的补贴家用，比如做做行业自媒体、行业社群或者社交电商什么的。前两天我刚跟一个朋友聊过，全行业在国内也就 200 多家企业，500 多套装置，他打算全国跑一遍，把它们的数据拿过来，做自媒体，加上把技术人员招到一起做社群，然后提供装置开车服务，大概算了一下，一年赚个几百万可能还打不住。

其实赚钱少还是个思路和能力的问题，不要把跳槽和赚钱关联太多，当然，如果是互联网公司，跳槽就是必需的了，跳两跳，薪水翻三番，不跳也傻。

一般说来，技能类工作到 30 岁这个年纪就要转管理，不然未来体力下来工资上去之后，就很难有机会了。我的建议是，如果纵向走到头了，那么就选择横向发展。多去参加一些社交活动，结识一些不同行业的朋友，类似一个故事说的，和象棋冠军打网球，和网球冠军下象棋，这样你就都能赢他们。

如果你的技术在你的专业领域遇到瓶颈了，换个领域，可能你就是大牛，你可以做一些咨询类或者把关类的工作，没准儿能找到新的擅长点。之前我也没什么优势，就是既做总裁助理，又做网管，还能写文案，还能做策划，所以有一个综合的优势，这样对于一些中小公司来说，是非常实用的人才。后来去了上市公司，才确立了自己的专业方向，有了更高的发展。

这样你在工作上放弃上升之后，也会闲一点，就去把宽度的事情做好。你可以去深究一个爱好，比如摄影、开车或者美食，未来这些都有可能成为你赖以生存的技能。

85　关于一些项目是不是传销

很有意思的事情是，前几年的时候，我遇到最多的问题是，怎么涨粉或者怎么才能赚钱？而最近我发现已经没人问我怎么涨粉和赚钱了，大概大家都已经掌握了赚钱的方法，问我最多的问题变成了，大熊老师你听过某某某没有，那是不是传销啊？

这说明了一个问题，骗钱的事情越来越多了。而大家正常地做产品赚不到钱了，纷纷面临一些好像会一夜暴富的机会，明知道这个是有风险、有问题的，还会把钱投进去，然后到我这里找找安慰。假如我说不是传销，他心里就会安稳些，如果我说是传销呢？他就会给我一堆资料让我看问题在哪儿，或者再去问下一个人某某某是不是传销，直到得到让他心安的结果为止。这有什么意义吗？

其实传销最大的问题是心魔，就是一旦你相信了，我把钱投进去什么都不用干，就有人给我返钱这种事情，那么你这辈子可能会一直寻找这样的机会。就算是这个公司覆灭了，你也会去找下一个公司。所以传销这个东西，最可怕的不是坑钱，而是坑人。

至于说大家问的各种三级分销、各种币是不是传销，可以很确定地回复大家，是的。很多人一直在纠结，三级是不是传销？如果三级不是，为什么四级就是呢？如果四级不是，五级又有什么所谓呢？追求安全的人会跟你说，那我们做两级总不算传销了吧。其实，传销就是一种心魔，和制度是没有什么关系的。只要你想投机取巧，一劳永逸，那么你做什么事情，多少都会有传销的影子。这种心魔可能会在很多地方复辟，大家会给自己找很多理由说，我做的不是传销，然后又跑去拉下一个人头。传销的精神控制在很多培训老师那里也是非常成熟的手法，群里出现不同意见，核心骨干就迅速发言顶上去，派核心骨干去检查其他人的朋友圈是不是按照要求在发布，如果没有就把他赶出体系。严格在微信端监控会员或者学员，要求学员刷圈说自己很牛带来新的会员，其实都是传销精神的变形罢了。其核心，无非就是精神控制，只是之前的工具是电话，现在工具是微信罢了。这么干的结果其实也非常清晰，因为传销这个东西已经被国家宣布违法这么多年了，最后什么结局，都是可以看得见的。

一般说来，连什么都不懂的你都觉得是传销的那就肯定是传销了。比如云集商城，工商部门都罚款了，大家还在找理由说，可能工商部门是不懂新时代的电商呢。其实我也确信工商部门不一定懂新时代的电商，但是它们还是懂新时代的传销的。

所以千万不要心存侥幸，也千万不要给自己安慰，最后被害的还是你自己。损失钱其实都是小事，钱没了可以再赚嘛，最可怕的还是这种心魔的滋生，习惯了手机上聊聊天就能赚钱的人，又怎么可能去上班去赚那每月几千元的工资呢？但是你真的以为手机上赚的钱是你有本事吗？并不是，那只是时代给你的钱，时代过去了，钱也就会慢慢没有了。但是你的贪念被放大了，想想之前自己能收到 1000 元的奖金有多么开心吧，现在呢？收个几万的总代可能都没感觉了吧？

这些看似没有公司、没人管你的事情，对人的要求还是最高的，因为它要你自我管理，自己知道自己想要的是什么，自己创造的价值是什么，自己坚持的方向是什么。而不是什么赚钱做什么。最赚钱的事情肯定大多是坑蒙拐骗的，就好像微商做不下去了，一大堆人都跑去做犯法的事，最后只能耗尽了你自己最后一点人脉和品牌，甚至让你连之前赚的钱都吐出来。所以，很多事情，不是不赚钱，而是毁心态。就算很赚钱，一旦你参与了，相信我，很快就会出现大量的模式复制，每个人都会开始做这种拉人头推广收费的东西，最后的结算也会是一塌糊涂。在这种不断的投机取巧中，各大团队都会遭到毁灭性的打击和破坏。因为人们总会越来越贪婪，然后大家都不去卖货了，开始到处找这种推广的项目，整个团队也就彻底分崩离析了。

所以，最重要的事情还是认清现实、认清自己，现实会告诉你时机已经过去了，有些快钱不好赚了。自己会告诉自己，我有多大本事，应该如何为将来做一点打算而不是继续投资下去。至于说找我来求心安是没有必要的，因为答案很简单，你接受起来却会很难。最终这些事情，表明的都是一个道理：凡是你喜欢的，大都击中了你的人性弱点；凡是你不喜欢，你厌恶的，则往往是事情的真相。这件事情决定了大部分人的命运，曾经有一个粉丝跟我辩论，说如果没有怀疑的精神，怎么能保证我思想的独立呢？我说，你在山脚下待着，啥都看不见呢，还独立什么啊，只能是被不同的人洗脑罢了。大部分人的结局是，被你喜欢听的东西洗脑了，无非就是不用努力就有钱赚，只要投资就有高回报这种事情。

86　关于职业方向选择

大家在就业上、生活中多少都会有迷茫，该不该辞职跳槽、工作怎么选等，借这次机会来说说吧。

许多毕业生都会问我关于就业的选择与规划问题，其实无须选择规划，你先做了再说。特别是市场营销专业，你和没有专业是一样的，有人愿意要你，尤其是大公司，就赶快去干着再说。

我刚来北京的时候基本一年换一个工作，重要的是每次都换一个行业，而不是重复过去的工作。最后找到自己合适的领域，就安定下来了。其间我一直做自己的微博，得到了不少人关注。为以后的发展埋下了伏笔。30 岁之前都可以不断尝试，至少 28 岁以前是可以的。有时候并不是你不行，只是你不适合这个行业。

大部分人的工作类型是典型的时间换钱型，朝九晚五，流水线操作流程。如果没有其他附加值，比如会有人请你办业务，可能价值就极低。不妨考虑换行。

家里经济压力不大的话，年轻就多试试，以免以后年纪大了，会感到后悔，原本你可能做到更好。

有的人工作类型属于技术工种。年纪大了就干不动了，基本就要转管理。靠劳动赚钱是年轻时候的事情，年纪大了之后，就要靠你的资源和经验了。

学会把手上项目归类一下。以游戏项目开发为例，积累经验，然后涉及互联网项目乃至更多类型的项目管理，如果有天赋，就可以立足项目管理了。

如果不太合适，可以考虑其他方面的管理，比如带团队，做画画相关的项目管理。立足一点，跨界生存，还是很重要的。

开发有很多环节，比如你做设计的项目管理和做程序肯定不一样，程序和游戏也不一样，多种类型的项目开发多经历一些，大概就都有个样子了，世界上的事情，多少都有点相通。这样以后去跨界也有基础。

学习这个事情还是多思考，看书买畅销和经典的看就好，这个不用特别有针对性，看的是逻辑道理，怎么做还是要靠实践。

能力强的人最后留不住，真能留下的人往往资质平平。领导往往喜欢踏实型员工，不然我把你培养你起来了，你跳槽就走啦，我也白忙活了。走或留，根据自己的实际情况去选择。

有的人工作类型是职能部门，例如行政人事，属于公司的花钱部门。难度低，难出彩，重复性劳动比较多。行政的水平要看你的能力，有过类似经验跳槽会容易些。这就好像搞市场的做过大型活动一样。人力资源能比行政的技术含量高些，但总体也是一类工作。

行政可以做相关性跳槽，先从行政跳人事，再从人事转市场，市场之后就好很多了，还可以去做公关和品牌管理，技能树就打开了。跳槽收入都会涨的，只要别跨行太厉害，比如行政转会计。

换行就是如此，不要跨度太大，得慢慢换。比如纸媒记者先去科技媒体，再去互联网公司就比直接去好很多。赚钱有很多方法，可以做个社群补贴家用，不要太在意工资得失。

另外，也有粉丝问我，学生时期做网络营销月入过万，毕业后到底要不要出去工作。其实每个时代都有这样的人，在之前的几年，比如淘宝店，也能一个月赚不少钱，所以很多大学生就自己开淘宝不去工作了。最后淘宝改了规则，封了店，他们也找不到工作了，这样就会比较尴尬。

当然，你说放弃了钱去工作合适吗？其实也不太合适，万一工作也不太靠谱，反而影响了赚钱。

我们从短期看，现有收入还是需要保证的，毕竟有收入就最大，其他投资未来什么的都是瞎说的，谁也不能保证未来有收入，所以你现在要保证目前的网赚收入。那么接下来，就要考虑你的职业方向。未必非要去做一份工作，可以去个大城市，混混圈子，开阔一下眼界，也许会有一些新的机会出现。起码可以学一些职场需要的技术或者知识什么的，在创业类的公司做一些具体的事务，保持和社会的连接，不至于脱节。

既然做网赚，大概也是推广类的事情，也可以考虑去帮其他的公司做一下，或者帮助它们咨询一下，始终保持和外界的联系，不要把自己封闭起来。时间挤挤还是有的，不要和社会脱节才是第一步。自由职业也不是不好，但要保持一直进步和优化，还是要与处于时代前沿的人和圈子接触，加入一些社群也可以。